上海绿色生态城区评价技术细则 2019

中国建筑科学研究院有限公司　主编

同济大学 出版社
TONGJI UNIVERSITY PRESS

图书在版编目(CIP)数据

上海绿色生态城区评价技术细则.2019/中国建筑
科学研究院有限公司主编.--上海:同济大学出版社,
2019.7
　　ISBN 978-7-5608-8554-4

Ⅰ.①上… Ⅱ.①中… Ⅲ.①生态城市－评价标准－
上海－2019 Ⅳ.①X321.251-34

中国版本图书馆 CIP 数据核字(2019)第 150629 号

上海绿色生态城区评价技术细则 2019
中国建筑科学研究院有限公司　　主编
责任编辑　朱　勇　　责任校对　徐春莲　　封面设计　陈益平

出版发行　　同济大学出版社　　　www.tongjipress.com.cn
　　　　　　(地址:上海市四平路 1239 号　邮编:200092　电话:021-65985622)
经　　销　全国各地新华书店
印　　刷　浙江广育爱多印务有限公司
开　　本　787mm×960mm　1/16
印　　张　10.5
字　　数　210000
版　　次　2019 年 7 月第 1 版　　2019 年 7 月第 1 次印刷
书　　号　ISBN 978-7-5608-8554-4

定　　价　48.00 元

编　委　会

前　言

　　为了适应当前上海绿色生态城区规划建设的需要,更好地指导绿色生态城区评价工作,在上海市工程建设规范《绿色生态城区评价标准》DG/TJ 08－2253－2018(以下简称《标准》)编制同时,中国建筑科学研究院有限公司受上海市住房和城乡建设管理委员会委托,组织《标准》编制组专家,编制完成了《上海绿色生态城区评价技术细则2019》(以下简称《细则》)。

　　《细则》依据《标准》进行编制,并与其配合使用,为绿色生态城区评价工作提供更为具体的技术指导。《细则》章节编排也与《标准》基本对应。《细则》第1～3章,对我国绿色生态城区评价工作的基本原则、有关术语、评价对象、评价阶段、评价指标、评价方法以及评价文件要求等作了阐释;第4～10章,对《标准》评价技术条文逐条给出"条文说明扩展"和"具体评价方式"两项内容。"条文说明扩展"主要是对标准正文技术内容的细化及相关标准规范的规定,原则上不重复《标准》条文说明内容;"具体评价方式"主要是对评价工作要求的细化,包括适用的评价阶段,条文说明中所列各点评价方式的具体操作形式及相应的材料文件名称、内容和格式要求等,对定性条文判定或评分原则的补充说明,对定量条文计算方法或工具的补充说明,评审时的审查要点和注意事项等。

　　《细则》第1～3章由中国建筑科学研究院有限公司马素贞负责编制;第4章由上海市城市规划设计研究院庄晴负责编制;第5章由中国建筑科学研究院有限公司湛江平,上海市建筑科学研究院杨建荣、高月霞负责编制;第6章由上海市环境科学研究院黄宇驰,上海市政工程设计研究总院(集团)有限公司陈嫣负责编制;第7章由中国建筑科学研究院有限公司马素贞、上海市政工程设计研究总院(集团)有限公司许嘉炯和上海市建筑科学研究院张改景负责编制;第8章由中国建筑科学研究院有限公司湛江平、同济大学房佳琳负责编制;第9章由上海财经大学王婧负责编制;第10章由中国建筑科学研究院有限公司李芳艳责编制。全书由马素贞、李芳艳负责统稿。

　　《细则》编制过程中,《标准》编制组全体专家,以及中国建筑科学研究院有限公司徐丽丽,上海市建筑科学研究院潘洪艳,上海市城市规划设计研究院纪文琦,上海市政工程设计研究总院(集团)有限公司马延强、郑晓光,上海财经大学彭娜、沈丹宁等同志也参加了编制相关工作。

　　《细则》在编制过程中得到了同济大学程大章教授、上海市建筑科学研究院集团有限公司韩继红副总工、上海市城市规划设计研究院高岳副院长、上海市政工程设计研究总院(集团)有限公司王如华副总工、上海市绿化市容管理局科技信息处钱杰处长、上海延华智能科技(集团)股份有限公司于兵、上海同济城市规划设计研究院有限公司白玮博士等专家的指导。在此，一并感谢这些专家的意见和建议！

　　《细则》今后将适时修订。在《细则》的使用过程中，请各单位及有关人员注意总结经验，并将意见和建议反馈至中国建筑科学研究院有限公司（地址：上海市打浦路88号海丽大厦12楼B3座；邮编：200023；E-mail：shdb08_2253@163.com），以便今后修订完善。

本书编委会

2019 年 4 月

目 录

1 总　则

1.0.1　为推进上海城市绿色发展,改善城市生态环境,规范本市绿色生态城区的评价,制定本标准。

【说明】

改革开放以来,伴随着工业化进程加速,我国城镇化经历了一个起点低、速度快的发展过程。城镇化的快速推进,吸纳了大量农村劳动力转移就业,提高了城乡生产要素配置效率,推动了国民经济持续快速发展。但与此同时也带来了资源紧缺、环境恶化等一系列问题。改变传统发展模式,应对城镇化建设中因重经济发展、轻环境保护造成的资源透支、生态退化等种种问题,是城镇化实现可持续发展的必然选择。

2014 年 3 月,中共中央、国务院印发了《国家新型城镇化规划(2014—2020 年)》,规划提出将"生态文明、绿色低碳"作为新型城镇化规划的重要原则之一,要求把生态文明理念全面融入城镇化进程,着力推进绿色发展、循环发展、低碳发展,推动形成绿色低碳的生产生活方式和城市建设运营模式。十八届五中全会提出了在国民经济和社会发展中坚持"创新、协调、绿色、开放、共享"五大发展理念。因此,实施城市绿色发展,推进绿色生态城区建设是我国新型城镇化的发展趋势。

2016 年 6 月 13 日,中共上海市委发布了《关于深入贯彻落实中央城市工作会议精神　进一步加强本市城市规划建设管理工作的实施意见》,文件中提出"大力推进绿色建筑规模化发展,鼓励创建绿色生态示范城区"。《上海市城市总体规划(2017—2035 年)》明确提出上海"2035 年基本建成卓越的全球城市,令人向往的创新之城、人文之城、生态之城"的目标愿景,"生态之城"则要求"坚持节约资源和保护环境基本国策,持续改善空间资源环境和基础设施,构筑城市安全屏障,不断提升城市的适应能力和韧性,成为引领国际超大城市绿色、低碳、可持续发展的标杆"。《中共上海市委关于制定上海市国民经济和社会发展第十三个五年规划的建议》提出"推进绿色发展,改善城市生态环境"。2018 年 9 月上海市人民政府办公厅转发市住房城乡建设管理委等四部门《关于推进本市绿色生态城区建设指导意见的通知》,明确提出到"十三五"期末,各区、特定地区管委会至少创建一个绿色生态城区;全市形成一批可推广、可复制的试点、示范城区,以点带面,推进本市绿色生态城区建设。

推进绿色生态城区建设将是加快上海生态文明建设,打造绿色生态宜居城市的重要举措。《细则》制定的目的是指导上海市绿色生态城区的规划建设。

1.0.2　本标准适用于上海市新开发城区和更新城区的绿色生态评价,其他城区在技术条件相同时可按照本标准执行。

【说明】

　　现行国家标准《绿色生态城区评价标准》GB/T 51255 中规定的标准适用范围主要为新开发城区,旧区改造参照实施。《绿色生态城区评价标准》GB/T 51255 旨在指导全国的绿色生态城区建设,很多三、四线城市仍有大量新城区在开发,故应用范围以新开发城区为主比较适合。上海市城镇化水平相对较高,新开发城区相对较少,如果只考虑新开发城区,标准的应用范围比较受局限,而且也不符合上海城市绿色发展的需求。2015 年 5 月 15 日,上海市人民政府发布《上海市城市更新实施办法》,提出"进一步节约集约利用存量土地,实现提升城市功能、激发都市活力、改善人居环境、增强城市魅力的目的"。上海已经进入存量开发为主的阶段,而城市更新更需要融入绿色生态理念。因此,《标准》的适用对象界定为上海市城市总体规划确定的规划范围内的城市建设用地,主要为新开发城区和更新城区。

　　《标准》对新开发城区及更新城区作如下界定:

　　新开发城区是指规划建设用地中 50% 以上为待开发用地的区域,或者规划区内未开发建设的建筑面积达到 50% 及以上的区域。更新城区指《上海市城市更新实施办法》划定的更新单元,或者实施了一定城市更新内容的区域。

　　对于已基本完成开发建设、具有较为完备管理服务体系的既有成熟城区,若其现状符合或通过微更新后符合绿色生态的相关要求,也可参照执行。

1.0.3　绿色生态城区的评价应遵循因地制宜的原则,结合城区所在地域的特点,对城区的经济可持续、资源节约、环境友好、社会人文等性能进行综合评价。

【说明】

　　上海市域面积较广,各区在经济、资源、环境及文化等方面都存在差异,而绿色生态城区规划范围大、内容广、情况复杂,故必须因地制宜地编制科学合理、技术适用、经济实用的绿色生态专业规划,以有效推进绿色生态城区的建设。

　　经济可持续、资源节约、环境友好和社会人文等性能是绿色生态城区的核心内容,《标准》紧紧围绕绿色发展的基本理念制定措施,紧跟国家和上海市绿色生态发展政策(如城市双修、海绵城市、绿色建筑、智慧城市等),涵盖绿色生态城区规划建设的各个方面,所涉及的条文内容均与经济可持续、资源节约、环境友好和社会人文等绿色性能密切相关。结合城区的功能定位,对城区的绿色性能进行评价时,要综合考虑、统筹兼顾、总体平衡。

1.0.4 绿色生态城区的评价,除应符合本标准的规定外,尚应符合国家和本市现行有关标准的规定。

【说明】

　　符合国家法律法规和相关标准是参与绿色生态城区评价的前提条件。《标准》重点在于评价城区的绿色、生态特征,并未涵盖城区所应有的全部特性,如公共安全、市容卫生等,故参与评价的城区尚应符合国家、行业和上海市现行有关标准的规定。

2 术 语

2.0.1 城区 urban area

城市总体规划确定的城市建设用地范围内的集中城市化地区。

2.0.2 绿色生态城区 green urban area

以创新、生态、宜居为发展目标,在具有一定用地规模的新开发城区或更新城区内,通过科学统筹规划、低碳有序建设、创新精细管理等诸多手段,实现空间布局合理、公共服务功能完善、生态环境品质提升、资源集约节约利用、运营管理智慧高效、地域文化特色鲜明的人、城市及自然和谐共生的城区。

2.0.3 公共开放空间 public open space

城市中室外的、面向所有市民的、全天开放并提供活动设施的场所。

2.0.4 绿色交通 green transportation

以低污染、低能耗、适合都市环境的公共交通方式为主导,自行车和步行等交通方式为辅助,通过科学的道路系统规划,采用合理的交通技术和有效的交通管理策略,实现通达有序、安全舒适、环境友好的交通体系。

2.0.5 低影响开发 low impact development

在城市开发建设过程中,通过生态化措施,尽可能维持城市开发建设前后水文特征不变,有效缓解不透水下垫面增加造成的径流总量、径流峰值与径流污染的增加等对环境造成的不利影响的开发模式。

2.0.6 区域能源系统 community energy system

集成利用清洁能源,且满足城区内一定规模建筑物的集中供冷、供热、生活热水或部分低压电力需求的能源系统。

2.0.7 智慧管理 smart management

运用信息技术和通信技术来感测、整合、分析城区各系统的运行信息，为环境保护、资源节约及城区治理等提供管理与决策依据的过程。

3　基本规定

3.1　基本要求

3.1.1　绿色生态城区的评价应以具有明确规划用地范围的城区为评价对象。

【说明】

城区应具有明确的边界，可以是城市主次干道、河道、标志明显的地标设施等围合的单个区域，也可以是多个片区的组合。绿色生态城区的边界宜与城市规划体系中的编制单元进行衔接。

绿色生态城区的功能应相对完善，能够促进绿色生态规模化发展，初步估算至少需要 4～5 个街坊，按照一个街坊为(200m～400m)×(200m～400m)计算，城区至少应为 $50hm^2$，即 $0.5km^2$。第 1.0.2 条规定《标准》的适用对象为新开发城区和更新城区，考虑到新开发城区的规模往往较大，为了引导更好地推进绿色生态规模化发展，经多次讨论，《标准》确定创建绿色生态城区的用地规模不宜小于 $1km^2$，且不宜大于 $10km^2$，$3km^2$～$5km^2$ 为最佳。对于更新城区，考虑到旧区改造或城市更新的推进难度，用地规模不宜过大，故按照功能完善的最低要求来确定用地规模，不宜小于 $0.5km^2$。对于大于 $10km^2$ 的城区，可分成若干边界明确、功能完善的城区开展相关工作。《标准》鼓励各种功能类型复合的城区开展绿色生态城区规划建设。

3.1.2　绿色生态城区的评价分为规划设计评价和实施运管评价。规划设计评价应在控制性详细规划、绿色生态专业规划和近期重点项目实施计划完成，且至少 5％的地块完成出让或划拨后进行。实施运管评价，新开发城区应在主要道路、管线等市政设施建成并投入使用，且至少 75％地块完成建设及 20％的建筑物投入使用后进行；更新城区应在近期重点项目实施计划中的项目全部完成建设并投入使用后进行。

【说明】

绿色生态城区的规划建设周期较长，为了调动其建设的积极性，以及加强对其规划建设的全过程控制，《标准》将绿色生态城区评价分为"规划设计评价"和"实施运管评价"。2018 年 9 月上海市人民政府办公厅转发市住房城乡建设管理委等四部门《关于推进本市绿色生态城区建设指导意见的通知》中对申报评定作了规定，各区政府和特定地区管委会按照上海市绿色生态城区的创建要求，组织绿色生态城区试点示范的申报工作，其中试点对应的是"规划设计评价"，示范对应的则是"实施运管评价"。

规划设计评价关注的是绿色生态规划内容及其预期效果，要求完成控制性详细规划、绿色生态专业规划和近期重点项目实施计划，绿色生态专业规划包括绿色生态指标体系、绿色生态规划实施方案和绿色建筑、水、能源等专项规划方案；对正在编制或修编控制性详细规划的城区，应将土地利用、绿色交通等绿色生态策略融入控制性详细规划，对于其余无法纳入控制性详细规划的绿色生态策略，应编制绿色生态规划方案，并体现相关内容；对于无控制性详细规划修编计划的城区，应编制绿色生态规划方案，后期待控制性详细规划修编时将绿色生态实施策略相关内容纳入其中。近期重点项目实施计划是指根据开发建设进度确定的未来3～5年内重点工程项目、示范项目等实施计划。另外，设定"至少5%的地块完成出让或划拨"的条件，其目的是确保前期编制的绿色生态规划方案正在逐步实施，而非一纸规划文件和一片空地就进行申报。

实施运管评价重点关注绿色生态策略的落实情况和实施效果，新开发城区要求落实城区规划布局，主要的市政设施已建成并投入使用，且至少75%地块完成建设及20%的建筑物投入使用，主要目的是确保城区的市政设施和建筑项目已经实施，绿色生态措施大都已经落地，且已有一定量的项目投入运营，能够有一部分实际运营数据支撑实施运管评价。更新城区要求近期重点项目实施计划中的项目全部完成建设并投入使用，主要目的是确保按照绿色生态理念规划的绿色更新项目均已落地，且有相关运营数据证明其实施效果。

3.1.3 申请评价方应按照绿色生态城区规划建设要求，对申报城区进行技术和经济分析，合理确定绿色生态定位，选用适宜的绿色生态技术，对规划、建设、运营进行全过程管控，并提交相应规划、分析报告和相关文件。

【说明】

为进一步规范绿色生态城区试点和示范项目的申报和评定管理，上海市住房和城乡建设管理委员会于2019年1月发布了《上海市绿色生态城区试点和示范项目申报指南（2019年）》，明确了申报条件、申报主体、申报材料和申报程序等内容。申请评价方应依据《关于推进本市绿色生态城区建设指导意见的通知》和《上海市绿色生态城区试点和示范项目申报指南（2019年）》等相关管理制度文件，确定开展绿色生态城区规划建设以及试点示范申报工作。

绿色生态城区注重对城区规划、建设和运营的全过程管控，申请评价方应对城区规划建设的各个阶段进行控制，综合考虑性能、安全、经济等因素，基于绿色生态本底分析确定合理的绿色生态定位，并科学编制绿色生态专业规划，引导城区采用适用的绿色生态技术、设备和材料,综合评估城区规模、绿色生态技术与投资之间的总体平衡,并按《标准》的要求提交相应规划、分析报告和相关文件。

3.1.4 评价机构应按本标准的有关要求,对申请评价方提交的规划、报告等文件进行审查,并进行现场考察,出具评价报告,确定等级。

【说明】

　　绿色生态城区评价机构依据有关管理制度文件确定。本条对绿色生态城区评价机构的相关工作提出要求。绿色生态城区评价机构在规划设计和实施运管评价上均应按照《标准》的有关要求审查申请评价方提交的规划文件、分析报告和其他相关文件,并组织现场考察。规划设计评价:现场考察城区的开工建设情况;实施运管评价:现场考察城区的建设情况,核查绿色生态专业规划的落实情况、实施效果。评价机构应编写评价报告,确定评价等级。

3.2 评价与等级划分

3.2.1 绿色生态城区评价指标体系由选址与土地利用、绿色交通与建筑、生态建设与环境保护、低碳能源与资源、智慧管理与人文、产业与绿色经济 6 类指标组成。每类指标均包括控制项和评分项。评价指标体系还统一设置加分项。

【说明】

　　《标准》结合上海地方特点,以现行国家标准《绿色生态城区评价标准》GB/T 51255 为基础,参考国内外相关标准及实践经验,设置了选址与土地利用、绿色交通与建筑、生态建设与环境保护、低碳能源与资源、智慧管理与人文、产业与绿色经济 6 类指标。选址与土地利用决定了城区的本底条件和基本规划布局,绿色交通与建筑是城区的基本脉络和载体,生态建设与环境保护、低碳能源与资源是对绿色生态城区环境友好、资源节约基本内涵的分别响应,智慧管理与人文则是城区后期运营的绿色生态指引,产业与绿色经济是城区可持续发展的重要支撑。各类指标均设控制项和评分项。为了鼓励绿色生态城区在节约资源、保护环境的技术、管理上的创新和提高,《标准》还设置了加分项。加分项中主要有两类条文,第一类是高标准要求(性能提高)条文,第二类是创新要求(技术创新)条文,第一类条文本可以归类到 6 类指标中,但为了将鼓励性的要求和措施与绿色生态城区的 6 类指标的基本要求区分开来,《标准》将全部加分项条文集中在一起,单独成一章。

3.2.2 控制项的评定结果为满足或不满足;评分项和加分项的评定结果为分值。

【说明】

控制项是绿色生态城区评价的强制性条款,是一票否决的条文,编制中采取严、精、少的原则,评定结果为满足或不满足。评分项的评价,依据评价条文的规定确定得分或不得分,得分时根据需要对具体评分子项确定得分值,或根据具体达标程度确定得分值。加分项的评价,依据评价条文的规定确定得分或不得分。绿色生态城区项目应结合所在区域的实际情况,因地制宜地选择绿色生态技术及对应的条文,并根据规划情况确定适合的评价等级。

《标准》中评分项的赋分有以下几种方式:

1. 一条条文评判一类性能或技术指标,且不需要根据达标情况不同赋予不同分值时,赋予一个固定分值,该评分项的得分为 0 分或固定分值,在条文主干部分表述为"评价分值为某分",如第 4.2.7 条。

2. 一条条文评判一类性能或技术指标,需要根据达标情况不同赋予不同分值时,在条文主干部分表述为"评价总分值为某分",同时在条文主干部分将不同得分值表述为"得某分"的形式,且从低到高分排列,如第 4.2.10 条,对公共开放空间 300m 服务半径覆盖率采用这种递进赋分方式;评分特别复杂的,则采用列表的形式表达,在条文主干部分表述为"按某表的规则评分",如第 4.2.3 条。

3. 一条条文评判一类性能或技术指标,但需要针对不同城区类型或特点分别评判时,针对各种类型或特点按款或项分别赋予分值,各款或项得分均等于该条得分,在条文主干部分表述为"评价总分值为某分,并按下列规则评分",如第 7.2.3 条。

4. 一条条文评判多个技术指标,将多个技术指标的评判以款或项的形式表达,并按款或项赋予分值,该条得分为各款或项得分之和,在条文主干部分表述为"评价总分值为某分,并按下列规则分别评分并累计",如第 5.2.2 条。

5. 一条条文评判多个技术指标,其中某技术指标需要根据达标情况不同赋予不同分值时,首先按多个技术指标的评判以款或项的形式表达并按款或项赋予分值,然后考虑达标程度不同对其中部分技术指标采用递进赋分方式。如第 4.2.3 条,对功能定位最高赋予 5 分,对城区职住平衡最高赋予 5 分,其中功能定位又按程度不同分别赋予 3 分和 5 分,职住平衡又区分新开发城区和更新城区,新开发城区按照达标程度不同分别赋予 3 分和 5 分,更新城区按照达标程度不同分别也赋予 3 分和 5 分。这种赋分方式是上述几种方式的组合。

可能还会有少数条文出现其他评分方式组合。

《标准》中各评价条文的分值,经广泛征求意见和试评价后综合调整确定。《标准》中评分项和加分项条文主干部分给出了该条文的"评价分值"或"评价总分值",是该条可能得到的最高分值。需特别说明的是,个别条文内某款(项)不适用的情况,已在条文说明或《细则》中明确,有的按直接得分处理(例如第 6.2.7 条,对于不存在潜在污染场地的城区,本条直接得分),有的按不参评处理(例如第 5.2.6 条第 1 款)。

3.2.3 绿色生态城区评价应按总得分确定等级。

【说明】

《标准》依据总得分来确定绿色生态城区的等级。考虑到各类指标重要性方面的相对差异,计算总得分时引入了权重。同时,为了鼓励绿色生态城区技术和管理方面的提升和创新,计算总得分时还计入了加分项的附加得分。

3.2.4 评价指标体系 6 类指标的总分均为 100 分。6 类指标各自的评分项得分 Q_1,Q_2,Q_3,Q_4,Q_5,Q_6 按参评城区该类指标的评分项实际得分值除以适用于该城区的评分项总分值再乘以 100 分计算。

【说明】

《标准》按评价总得分确定绿色生态城区的等级。6 类指标每一类的总分均为 100 分,可以称为"理论满分"。对于具体的参评城区而言,它们在功能定位、所处地域的环境、资源等方面存在客观差异,总有一些条文不适用,对不适用的评分项条文不予评定。这样,适用于各参评城区的评分项的条文数量较少,实际可能达到的满分值就小于 100 分了,称之为"实际满分"。即:

实际满分=理论满分(100 分)— $\sum$ 不参评条文的分值= $\sum$ 参评条文的分值

评分时,每类指标的得分:$Q_1 \sim Q_7$=(实际得分值/实际满分)×100 分。例如,Q_2=(71/77)×100=92.2 分,其中,71 为参评城区的实际得分值,77 为该参评城区实际可能达到的满分值。

对此,计算参评城区某类指标评分项的实际得分值与适用于参评城区的评分项总分值的比率,反映参评城区实际采用的"绿色生态措施"和效果占理论上可以采用的全部"绿色生态措施"和效果的相对得分率。得分率再乘以 100 分则是一种"归一化"的处理,将得分率统一还原成分数。

对某一参评城区,某一条文或其款(项)是否参评,可根据标准条文、条文说明、《细则》的补充说明进行判定。对某些标准条文、条文说明或《细则》的补充说明均未明示的特定情况,某一条文或其款(项)是否参评,可根据实际情况进行判定。

3.2.5 加分项的附加得分 Q_7 按照本标准第 10 章的有关规定确定。

【说明】

《标准》第 10 章第 2 节对城区性能提高和创新进行评价,第 1 节对加分项的评分规则作了规定。加分项含性能提高和技术创新两方面的条文,一方面对常规绿色生态措施效果突出的城区给予鼓励;另一方面,鼓励绿色生态城区技术和管理方面的创新。该章节分值无折算系数,总分值上限为 10 分,即参评城区的最高分是 110 分。

加分项的附加得分 Q_7 的确定方式与评价指标体系 6 类指标得分 $Q_1 \sim Q_6$ 不同。加分项评定时,对参评城区不适用的条文直接按不得分处理。

3.2.6 绿色生态城区评价的总得分按下式进行计算,其中评价指标体系6类指标评分项的权重 $w_1 \sim w_6$ 按表 3.2.6 取值。

$$\sum Q = w_1 Q_1 + w_2 Q_2 + w_3 Q_3 + w_4 Q_4 + w_5 Q_5 + w_6 Q_6 + Q_7 \quad (3.2.6)$$

表 3.2.6　绿色生态城区各类指标的权重

评价阶段	选址与土地利用 w_1	绿色交通与建筑 w_2	生态建设与环境保护 w_3	低碳能源与资源 w_4	智慧管理与人文 w_5	产业与绿色经济 w_6
规划设计	0.18	0.20	0.18	0.19	0.12	0.13
实施运管	0.10	0.17	0.20	0.20	0.17	0.16

【说明】

　　本条对各类指标在绿色生态城区评价中的权重作出规定,表 3.2.6 中给出了规划设计评价和实施运管评价的分项指标权重,各类指标的权重经专题研究,并广泛征求意见后综合确定。规划设计评价主要强调规划引领的作用,故选址与土地利用、绿色交通与建筑等指标的权重相应较大;实施运管评价更加注重运营过程的环境保护和资源节约、高效管理及经济可持续,故增加了后面四个板块的权重。

3.2.7 绿色生态城区分为一星级、二星级、三星级 3 个等级。3 个等级的绿色生态城区均应满足本标准所有控制项的要求。当绿色生态城区总得分分别达到 50 分、60 分、80 分时,绿色生态城区等级分别为一星级、二星级、三星级。

【说明】

　　基于鼓励绿色生态城区因地制宜、创新引领、特色发展等原则,《标准》未设置各类指标的最低得分,在满足全部控制项的前提下,采取总得分来确定绿色生态城区的等级。

　　在确定所有控制项的评定结果均为满足的前提之下,分值计算及分级步骤如下:

　　1. 分别计算各类指标中适用于城区的评分项总分值和实际得分值。某类指标中适用于特定项目的评分项总分值,有可能就是 100 分,更有可能在扣除一些不参评条文的分数后,小于 100 分。而该城区的评分项实际得分值必然是小于或等于该类指标适用于本城区的评分项总分值。各类指标的评分项总分值和实际得分值均为不大于 100 分的自然数。

　　2. 分别计算各类指标评分项得分 Q_i(不含加分项附加得分 Q_7)。分别将各类指标的评分项实际得分值除以该类的评分项总分值再乘以 100 分,计算得到该类指标评分项得分 Q_i。对于各类指标评分项得分 Q_i,进行四舍五入后保留精度至小数点后一位。

3. 计算加分项附加得分 Q_7。需要注意的是，不再考虑不参评情况。而且，根据《标准》第 10.1.2 条，当 Q_7 超过 10 分时也取为 10 分。因此，Q_7 不大于 10 分。

4. 选取评分项权重值 w_i，计算绿色生态城区评价总得分 $\sum Q$。按照城区评价阶段，查《标准》中表 3.2.6 确定。

5. 计算 $\sum Q$。将各类指标评分项得分 Q_i，及对应的权重值 w_i，按《标准》式(3.2.6)计算得到绿色生态城区评价总得分 $\sum Q$。对 $\sum Q$ 的小数部分进行四舍五入，保留一位小数。如 $\sum Q$ 没有达到 50 分，则不必继续后续步骤。

6. 确定绿色生态城区等级。根据 $\sum Q$，对照《标准》第 3.2.7 条所列 50 分、60 分、80 分的要求，确定申报城区一星级、二星级、三星级的绿色生态城区等级。

4 选址与土地利用

绿色生态城区应集约节约利用土地,优化空间布局,完善公共服务功能,提升城市宜居性。"选址与土地利用"有 3 项控制项,11 项评分项。评分项分为选址与场地保护、用地与空间布局、公共空间与公共设施三个板块,分别有 2 条(16 分)、6 条(54 分)和 3 条(30 分)。

4.1 控制项

4.1.1 城区选址和建设应符合上海市城乡规划和各类保护区的控制要求。

【条文说明扩展】

经依法批准的城乡规划,是城市建设和管理的依据,必须严格执行。城市规划主管部门不得在城乡规划确定的建设用地范围以外作出规划许可,任何建设的选址必须符合上海市城乡规划。上海市城乡规划主要包括:上海市城市总体规划、分区规划、各区总体规划、控制性详细规划等。

各类保护区是指受到国家法律法规保护、划定有明确的保护范围、制定有相应的保护措施的各类政策区,主要包括:基本农田保护区(《基本农田保护条例》)、风景名胜区(《风景名胜区条例》)、自然保护区(《自然保护区条例》)、历史文化名城名镇名村(《历史文化名城名镇名村保护条例》)、历史文化街区(《城市紫线管理办法》)等。

《基本农田保护条例》(国务院令第 257 号)规定:

第二条 ……本条例所称基本农田保护区,是指为对基本农田实行特殊保护而依据土地利用总体规划和依照法定程序确定的特定保护区域。

第十七条 禁止任何单位和个人在基本农田保护区内建窑、建房、建坟、挖砂、采石、采矿、取土、堆放固体废弃物或者进行其他破坏基本农田的活动。

《风景名胜区条例》(国务院令第 474 号)规定:

第二条 ……本条例所称风景名胜区,是指具有观赏、文化或者科学价值,自然景观、人文景观比较集中,环境优美,可供人们游览或者进行科学、文化活动的区域。

第二十七条 禁止违反风景名胜区规划,在风景名胜区内设立各类开发区和在核心景区内建设宾馆、招待所、培训中心、疗养院以及与风景名胜资源保护无关的其他建筑物;已经建设的,应当按照风景名胜区规划,逐步迁出。

第三十条 风景名胜区内的建设项目应当符合风景名胜区规划,并与景观相协调,不得破坏景观、污染环境、妨碍游览。

《自然保护区条例》(国务院令第167号)规定:

第二条　本条例所称自然保护区,是指对有代表性的自然生态系统、珍稀濒危野生动植物物种的天然集中分布区、有特殊意义的自然遗迹等保护对象所在的陆地、陆地水体或者海域,依法划出一定面积予以特殊保护和管理的区域。

第三十二条　在自然保护区的核心区和缓冲区内,不得建设任何生产设施。在自然保护区的实验区内,不得建设污染环境、破坏资源或者景观的生产设施;建设其他项目,其污染物排放不得超过国家和地方规定的污染物排放标准。在自然保护区的实验区内已经建成的设施,其污染物排放超过国家和地方规定的排放标准的,应当限期治理;造成损害的,必须采取补救措施。

在自然保护区的外围保护地带建设的项目,不得损害自然保护区内的环境质量;已造成损害的,应当限期治理。

《历史文化名城名镇名村保护条例》(国务院令第524号)规定:

第三条　历史文化名城、名镇、名村的保护应当遵循科学规划、严格保护的原则,保持和延续其传统格局和历史风貌,维护历史文化遗产的真实性和完整性,继承和弘扬中华民族优秀传统文化,正确处理经济社会发展和历史文化遗产保护的关系。

第二十三条　在历史文化名城、名镇、名村保护范围内从事建设活动,应当符合保护规划的要求,不得损害历史文化遗产的真实性和完整性,不得对其传统格局和历史风貌构成破坏性影响。

第二十六条　历史文化街区、名镇、名村建设控制地带内的新建建筑物、构筑物,应当符合保护规划确定的建设控制要求。

第四十七条　本条例下列用语的含义:

(一)历史建筑,是指经城市、县人民政府确定公布的具有一定保护价值,能够反映历史风貌和地方特色,未公布为文物保护单位,也未登记为不可移动文物的建筑物、构筑物。

(二)历史文化街区,是指经省、自治区、直辖市人民政府核定公布的保存文物特别丰富、历史建筑集中成片、能够较完整和真实地体现传统格局和历史风貌,并具有一定规模的区域。

《城市紫线管理办法》(国务院令第119号)规定:

第二条　本办法所称城市紫线,是指国家历史文化名城内的历史文化街区和省、自治区、直辖市人民政府公布的历史文化街区的保护范围界线,以及历史文化街区外经县级以上人民政府公布保护的历史建筑的保护范围界线。

第十三条　在城市紫线范围内禁止进行下列活动:

(一)违反保护规划的大面积拆除、开发;

(二)对历史文化街区传统格局和风貌构成影响的大面积改建;

(三)损坏或者拆毁保护规划确定保护的建筑物、构筑物和其他设施;

(四)修建破坏历史文化街区传统风貌的建筑物、构筑物和其他设施;

（五）占用或者破坏保护规划确定保留的园林绿地、河湖水系、道路和古树名木等；

（六）其他对历史文化街区和历史建筑的保护构成破坏性影响的活动。

第十四条　在城市紫线范围内确定各类建设项目，必须先由市、县人民政府城乡规划行政主管部门依据保护规划进行审查，组织专家论证并进行公示后核发选址意见书。

【具体评价方式】

本条适用于规划设计、实施运管评价。

规划设计评价查阅城区上位总体规划、控制性详细规划等相关规划文件及图纸。不涉及各类保护区的城区，只要符合所在地城乡规划的要求即为达标，查阅上位总体规划中的土地利用规划图以及控制性详细规划的规划图则。涉及保护区或文物古迹的，需提供上海市或所在区的规土、文化、园林、旅游或相关保护区等有关行政管理部门提供的法定规划文件或出具的证明文件，据此判断是否达标。如涉及风景名胜区的城区，应提供已批复的风景名胜区总体规划及详细规划的有关图纸及文件；如涉及历史文化名城或历史文化街区的项目，应提供已批复的历史文化名城保护规划的有关图纸及文件；涉及文物保护单位的城区，应由所在地文物行政主管部门出具有关文件，明确该文物保护单位的保护要求。

实施运管评价在规划设计评价方法之外还应现场核查。

4.1.2　城区规划应注重产城融合、土地功能复合，建设用地至少包含居住用地（R类）和公共设施用地（C类）。

【条文说明扩展】

产城融合是指产业与城市融合发展，以城市为基础，承载产业空间和发展产业经济，以产业为保障，驱动城市更新和完善服务配套，进一步提升土地价值，以达到产业、城市、人之间有活力、持续向上发展的模式。产业结构决定城市就业结构，就业结构和人口结构决定城市功能与空间结构、城市规模、居住模式、生活配套设施的供给等诸多关键问题。绿色生态城区规划应注重产城融合，推进居住与就业空间相对均衡布局，合理配置居住用地，及科技研发、商业设施、商务办公等非居住用地比例，提供适度的就近就业空间和机会，减少远距离通勤交通。以公共交通站点或公共活动中心为核心，在200m～300m半径范围内集中布局就业空间，创造包容、活力的城区。

土地功能复合强调多功能的空间交互，强调"以人为中心"的设计理念，追求多功能的设计和设施的高效利用。本条提出了定性要求——至少包含居住用地（R类）和公共设施用地（C类），第4.2.6条进一步提出了具体指标的量化要求，具体评价时两条可以互相参考。

应注意的是，环境要求相斥的用地之间禁止复合，包括以下情况：①严禁三类工业用地、危险品仓储用地、公共卫生设施用地与其他任何用地混合；②严禁特殊用地与其他任何用地混合；③严禁二类工业用地与居住用地、公共设施用地混合。

【具体评价方式】

本条适用于规划设计、实施运管评价。

规划设计评价查阅控制性详细规划文本和图纸，审查其中的土地使用规划图和规划用地汇总表，核实产城融合规划情况；审查规划图则中的地块用地代码，确保至少包含居住用地（R类）和公共设施用地（C类），土地功能复合应符合《上海市控制性详细规划技术准则（2016年修订版）》中用地混合引导表的要求。

实施运管评价在规划设计评价方法之外还应现场核查。

4.1.3 城区应推进工业用地减量化，且不得有三类工业用地。

【条文说明扩展】

《上海市城市总体规划（2017－2035年）》中明确：优化存量建设用地空间布局，使生活用地、产业用地、生态用地规模协调适度，鼓励城市开发边界内存量建设用地有机更新，实现优化功能、改善环境和提升品质的目标。保障必要的先进制造业、战略性新兴产业和都市型工业发展空间，积极推进城市开发边界内存量工业用地"二次开发"和开发边界外低效工业用地减量，规划工业仓储用地面积控制在 $320m^2$～$480m^2$，占规划建设用地比例控制在 10%～15%。

根据上海市城乡建设用地分类，工业用地分为一类工业用地、二类工业用地、三类工业用地和工业研发用地。一类工业用地是指对周边地区环境基本无干扰、污染和安全隐患的工业用地；二类工业用地是指对周边环境有一定干扰、污染和安全隐患的工业用地；三类工业用地是指对周边环境有严重干扰、污染和安全隐患的工业用地；工业研发用地是指各类产品及其技术的研发、中试等设施用地。绿色生态城区注重产业发展的合理布局、结构优化，因此，开展土地利用规划时，应对产业类别进行甄选，合理布局工业用地类型及用地规模，严禁高污染、高耗能、高耗水的三类工业用地。

【具体评价方式】

本条适用于规划设计、实施运管评价。对于无工业用地的城区，本条直接达标。

规划设计评价查阅控制性详细规划及其他相关的规划文件和图纸，审查土地使用现状图、土地使用规划图及规划用地汇总表。

实施运管评价在规划设计评价方法之外还应查阅土地出让文件，并现场核查。

4.2 评分项

I 选址与场地保护

4.2.1 精明选址，新开发城区毗邻成熟地区，或更新城区在已开发地区进行再开发，评价分值为 8 分。

【条文说明扩展】

针对城市发展面临的资源约束，上海市确定了"总量锁定、增量递减、存量优化、流量增效、质量提高"的土地管理思路。在此背景下，对开发过的地区进行改造并加以利用是未来发展的趋势和要求。

"成熟地区"指在市政基础设施和公共服务设施等配套方面较为成熟，且具备一定人口基础的区域。新开发城区毗邻成熟地区进行开发，应当合理确定建设规模和时序，充分利用现有市政基础设施和公共服务设施。评价时，临近成熟地区，且至少被该地区内三类社区级公共服务设施 500m 服务半径覆盖，即可判定为毗邻成熟地区。

"已开发地区"指曾经用于开发建造，后又被闲置、遗弃或者未充分利用的场地区域，对工业用地的再开发需确保土壤和地下水安全。对工业用地的再开发需符合《关于本市盘活存量工业用地的实施办法》（沪府办〔2016〕22 号文）的要求。《标准》中"再开发"是指对建成区城市空间形态和功能进行可持续改善的建设活动，如：完善城区功能，强化城区活力，促进绿色生态城区发展；完善公共服务设施和公共活动场所，提升城区服务水平；完善慢行系统，方便市民生活和绿色出行。评价时，规划区内30％以上的建设用地为已开发地区，本条才算达标。

【具体评价方式】

本条适用于规划设计、实施运管评价。

规划设计评价查阅上位总体规划、控制性详细规划和其他相关规划文件等，审查区位图、土地使用现状图、土地使用规划图、周边公共服务设施布局图或已开发地区土地开发比例计算书等，核实周边公共服务设施情况。

实施运管评价在规划设计评价方法之外还应现场核查。

4.2.2 保护利用规划范围内原有的自然地形、水域、湿地等，并结合现状地形地貌和资源环境特征进行场地设计和规划布局，评价分值为 8 分。

【条文说明扩展】

在城区选址和建设符合上海市城乡规划和各类保护区的控制要求基础上，应对城区的资源矿产、地形地貌、地质土壤（包括地下水）、植被动物、水文水系等资源与生态系统特征开展调查。基于现状调查进行梳理评估，划分需要保护或者需要优化提升的资源。

城区规划要充分考虑原有地形地貌和资源环境特征,尽量维护生物多样性和生态系统稳定,减少土石方工程量,减少开发建设过程对场地及周边自然生态环境的改变。

对于水系,应根据现状评估情况对其进行相应保护。规划宜尊重其原有自然形态,不降低水面率。同时,结合地形地貌,因地制宜地利用水系进行规划设计,如提高水面率或增加生态缓冲区等。

应对植被动物进行调查评估,尤其是大型乔木,进行相应保护。同时,结合地形地貌,因地制宜地进行多层次植被设计,增加生物多样性和提高生态系统稳定性。

开发前应评估规划范围内原有的自然地质土壤,对富含有机质、适宜于种植的表层土壤,按照评估情况对其进行相应保护。同时,开发过程中通过物理、化学、生物等多种方式提高土壤环境的净化能力,改良土壤。

在建设过程中确需改造场地内的地形、地貌、水体和植被等时,应在工程结束后及时采取生态复原措施,减少对原场地环境的改变和破坏,根据场地实际状况采取相关生态修复或补偿措施,如对土壤进行生态处理,对污染水体进行净化和循环,对植被进行生态设计以恢复场地原有动植物生存环境等,也可作为得分依据。

【具体评价方式】

本条适用于规划设计、实施运管评价。

规划设计评价查阅控制性详细规划、生态保护和补偿计划、生态保护利用规划等相关文件。

实施运管评价查阅相关竣工图、生态保护和补偿效果评估报告,并现场核查。

Ⅱ 用地与空间布局

4.2.3 城区定位合理,与周边地区功能协调,职住平衡,评价总分值为 10 分,按下列规则分别评分并累计:

1 功能定位科学合理,得 3 分;功能定位和绿色生态定位科学合理,得 5 分。

2 城区职住平衡,按表 4.2.3 的规则评分,最高得 5 分。

表 4.2.3 职住平衡评分规则

新开发城区(就业—住宅比 JHB)	更新城区(就业—住宅比 JHB)	分值
$0.5 \leqslant JHB < 0.8$ 或 $1.2 < JHB \leqslant 5$	$0.5 \leqslant JHB < 1$ 或 $2 < JHB \leqslant 5$	3
$0.8 \leqslant JHB \leqslant 1.2$	$1 \leqslant JHB \leqslant 2$	5

【条文说明扩展】

功能定位是城区发展和竞争战略的核心,科学的功能定位利于实现城市土地集约化,减少长距离钟摆交通带来的能源资源浪费,同时还可促进人口就业平衡,规避盲目城市化带来的"空城"现象。

绿色生态定位是绿色生态城区发展的关键,以城区本底和发展条件为基础,绿色生态涵养的功能定位,有助于城区合理选择绿色生态规划策略,展现其特色,并将生态优势转化为发展优势。

职住平衡是指在某一给定的地域范围内,居民中劳动者的数量和就业岗位的数量大致相等。理想情况下,大部分居民可以就近工作,通勤交通可采用步行、自行车或者其他非机动车方式,即使是使用机动车,出行距离和时间也比较短,在一个合理的范围内。

职住平衡的测量包括数量上的平衡和质量上的平衡。数量上的平衡是指在给定的区域范围内就业岗位的数量和居住单元数量基本相等,一般被称为平衡度的测量;质量上的平衡是指在给定的区域内工作并居住的就业者数量占该区域所有劳动者的比重,被称为自足性的测量。

职住平衡的度量指标采用就业－住宅比(JHB)。

计算公式为

$$就业－住宅比(JHB) = \frac{就业岗位数(个)}{居住单元数量(个)}$$

其中,就业岗位数是指不同产业能够容纳的劳动力数量;居住单元数量指现状或规划的居住单元的数量。

一般来说,就业－住宅比在0.8至1.2之间为居住就业平衡区;就业－住宅比大于1.2,表示就业岗位富裕;就业－住宅比小于0.8,表示就业岗位供给不足;而就业－住宅比大于5或小于0.5,表明职住严重不均,为高度就业主导区或高度居住主导区,这些均不符合绿色生态城区的规划理念。考虑到更新城区往往位于核心区域,相较于新开发城区而言,承担更多的服务功能。故更新城区的就业－住宅比在1至2之间为居住就业平衡。

实施运管评价时,若城区的入住率低于80%可采用就业－住宅比进行评价,评价标准按照本条第2款;若超过80%,则应采用职住平衡比,通过抽样调查,对城区适龄劳动人口进行问卷调查,了解其职住情况,当职住平衡比大于50%时,可认为该区域实现了职住平衡。

计算公式为

$$职住平衡比 = \frac{样本中在城区工作并居住的就业者数量(个)}{样本数量(个)}$$

【具体评价方式】

本条适用于规划设计、实施运管评价。

无论是规划设计评价还是实施运管评价,职住平衡的度量指标均需放到一个更大的区域进行核算。若规划区面积不足$10km^2$,则以规划区几何中心为中心,画一个面积 10km² 且包含规划区的圆作为核算区域,计算其内的"就业一住宅比"或"职住平衡比"。计算需要的人口、就业岗位等数据可源于统计年鉴或调查数据等。

规划设计评价查阅上位总体规划、控制性详细规划、绿色生态专业规划等规划文件和图纸、区域职住平衡度测算报告。

实施运管评价还应查阅职住平衡调查报告,并现场核查。

4.2.4 采取公共交通导向的用地布局模式,提高轨道交通站点周边用地的开发强度,评价总分值为 8 分,并按下列规则评分并累计:

1 中心城区轨道交通站点 300m 范围内商业服务业用地和商务办公用地容积率达到 2.5,或中心城区以外地区达到 2.0,得 4 分。

2 中心城区轨道交通站点 300m 范围内住宅组团用地容积率达到 2.0,或中心城区以外地区达到 1.6,得 4 分。

【条文说明扩展】

公共交通导向的用地布局模式是一种有节制的、公交导向的"紧凑开发"模式,通过增加开发强度来提高土地使用的效率。《上海市城市总体规划(2017-2035 年)》中明确,依托轨道交通站点、公交枢纽等空间,综合设置社区行政管理、文体教育、康体医疗、福利关怀、商业服务网点等各类公共服务设施。以 TOD 为导向,各种功能设施综合设置、集中布局、集约发展。

《上海市控制性详细规划技术准则(2016 年修订版)》规定:"倡导以公共交通为导向的城市空间发展模式,适度提高轨道交通站点周边的土地开发强度。"

【具体评价方式】

本条适用于规划设计、实施运管评价。对于本市内有明确空间管制要求(如崇明区要求全部新建建筑高度原则控制在 18m 以下)的城区,可不参评。

本条得分的前提条件是各类用地开发容积率满足《上海市控制性详细规划技术准则(2016 年修订版)》的相关要求。

当轨道交通站点 300m 范围内开发容积率满足条文规定的数值要求时,得相应的分值。轨道交通站点 300m 范围的划定详见图 4.2.4(由于轨道站点有长约 160m 的站台,故在站台沿线以 300m 为半径画圆,覆盖的全部区域即为轨道交通站点 300m 服务范围)。轨道交通站点 300m 范围涉及的所有地块均符合条文要求,本条才可得到相应款对应的分值。

规划设计评价查阅控制性详细规划文本及图纸、轨道交通站点用地规划图及 300m 范围内开发容积率计算书。

实施运管阶段在规划设计评价方法之外还应现场核查。

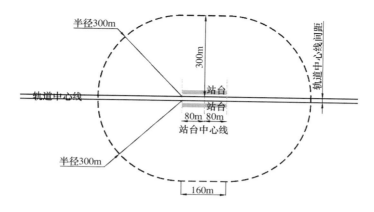

图 4.2.4 轨道交通站点服务范围计算方法示意图

4.2.5 合理规划城区道路,评价总分值为 12 分,并按下列规则评分并累计:

    1 路网密度达到 8km/km²,得 3 分;达到 10km/km²,得 5 分;达到 12km/km²,得 8 分。

    2 道路面积率达到 15%,得 2 分;达到 20%,得 4 分。

【条文说明扩展】

    路网密度和道路面积率是评价城市道路网是否合理以及道路拥有量的重要技术指标,根据上位规划和相关专项规划,结合地区发展实际需要,明确各交通系统网络和各类交通设施。

    城市道路网内的道路包括快速路、主干路、次干路和支路,不包括地块内的道路。依道路网内的道路中心线计算其长度。

    路网密度指城区内各类道路的总长度与城区建设用地面积之比,用"km/km²"表示。路网密度计算公式为

$$路网密度(km/km^2) = \frac{城区内各类道路的总长度(km)}{城区建设用地面积(km^2)}$$

    城区道路面积率是反映城市建成区内城市道路拥有量的重要经济技术指标。道路面积率计算公式为

$$道路面积率(\%) = \frac{城区道路用地总面积(km^2)}{城区建设用地面积(km^2)} \times 100\%$$

【具体评价方式】

    本条适用于规划设计、实施运管评价。由于工业区道路网密度多以生产性质来决定,因此,本条仅评价城区内的非工业区的路网密度。若参评城区为控制性详细规划单元中的部分区域,计算路网密度和道路面积率时,要基于该指标所在的单元规划进行总体评价。

规划设计评价查阅控制性详细规划、道路交通规划等规划文件及图纸、路网密度指标计算报告。

实施运管评价在规划设计评价方法之外还应现场核查。

4.2.6 城区规划注重街坊用地的功能混合,评价总分值为 10 分。功能混合街坊比例达到 50％,得 5 分;达到 70％,得 10 分。

【条文说明扩展】

城市是一个多种功能共同存在、互相关联的物质载体。因而功能混合是城市的本质需求,各种城市功能根据相互之间的关联性不同,在空间上采取适当的混合布局,是顺应城市本性的需要。土地功能的复合利用强调多功能的空间交互,强调"以人为中心"的设计理念,追求多功能的设计和设施的高效利用。

街坊可以是一个地块,也可以包含多个地块,在控制性详细规划图则中具有明确的编码。

功能混合街坊指一个街坊内含有两类或两类以上不同功能。本条纳入功能混合街坊评定的用地性质应为《上海市控制性详细规划技术准则(2016 年修订版)》规定的城乡用地分类及代码表中大类代码居住用地(R)和公共设施用地(C)下不同中类代码性质用地的混合,并符合《上海市控制性详细规划技术准则(2016 年修订版)》中用地混合引导表的要求。

功能混合街坊比例为功能混合街坊用地面积之和占城区街坊总用地面积的比例,单个街坊用地面积全部为水系、绿地、市政设施用地、特殊用地、城市发展备建用地或控制用地六类用地中的任一用地,或这六类用地的组合用地时,该街坊不纳入计算。计算公式为

$$功能混合街坊比例（\%）=\frac{\sum 功能混合街坊用地面积（km^2）}{街坊总用地面积（km^2）}\times 100\%$$

鼓励与禁止。功能用途互利、环境要求相似或相互间没有不利影响的用地,宜混合设置。鼓励公共活动中心区、历史风貌地区、客运交通枢纽地区、重要滨水区内的用地混合。环境要求相斥的用地之间禁止混合,包括以下情况:①严禁危险品仓储用地、公共卫生设施用地与其他任何用地混合;②严禁特殊用地与其他任何用地混合;③严禁二类工业用地与居住用地、公共设施用地混合。

【具体评价方式】

本条适用于规划设计、实施运管评价。

规划设计评价查阅控制性详细规划图则、城市设计文件、功能混合街坊比例计算书等。

实施运管评价在规划设计评价方法之外还应现场核查。

4.2.7 以重要公共活动中心、轨道交通换乘枢纽等作为地下空间开发利用的重点,合理开发利用城区地下空间,形成功能适宜、布局合理、开发有序的规划布局,评价分值为 6 分。

【条文说明扩展】

随着我国城市人口的聚集,土地资源越来越紧张,向地下发展就成了大势所趋。上海作为我国最大的经济中心,肩负着建成"一个龙头,四大中心"的历史使命。但是,上海城市用地的严重不足,在很大程度上制约着上海的进一步发展。因而,向地下要空间,有效地开发、利用地下空间,以缓解上海城市发展中的多种矛盾,使地上、地下协调发展,科学实施城市地下空间开发利用综合管理,具有特别重要的意义。

条文中的公共活动中心主要包括城市主中心(中央活动区)、城市副中心、地区中心、社区中心的公共活动空间,各层级公共中心界定参见《上海市城市总体规划(2017-2035 年)》。

地下空间的开发利用应与地上建筑及地下停车场库、人防设施、地下商业餐饮等其他相关城市功能紧密结合、统一规划;同时,从雨水渗透及地下水补给,减少径流外排等生态环保要求出发,地下空间也应利用有度、科学合理。此外,地下空间开发的不可逆性,以及开发利用地下空间在经济、资源等方面的支出,地下空间开发还应科学预测城市发展的需要,坚持因地制宜、远近兼顾、全面规划、分步实施,并与所在地的经济技术发展水平相适应。

地下空间开发应以浅表层(-15m 以上)和中层(-15m 至-40m)为主。城市公共绿地的地下空间开发利用应满足绿地的生态景观要求,以局部开发利用为原则,合理确定地下空间开发功能、范围、覆土深度等控制要求。

地下空间退让道路红线和地块边界线的距离不宜小于 3m。在满足工程技术要求的前提下,鼓励相邻地块的地下空间直接相连。鼓励地下商业、文化等公共设施与地下公共步行系统、轨道交通站点及其他公共交通设施相连通。地下人行通道的宽度不宜小于 6m,并同时满足相关管理要求。

地下步行系统、轨道交通站点的出入口,宜结合公共建筑、下沉广场、地下商业空间出入口等设置。公共活动中心区可结合地下的轨道交通站点出入口、商业、人行通道等设置下沉式城市广场。

鼓励城区创新地下空间开发模式,有条件的城区可开展多地块联合开发地下空间,并考虑共享停车的可行性。

【具体评价方式】

本条适用于规划设计、实施运管评价。根据《上海市地下空间规划建设条例(2013)》,由于地下空间的利用受诸多因素制约,因此未利用地下空间的项目应提供相关说明,经论证场地区位和地质条件、建筑结构类型、建筑功能或性质等条件不适宜开发地下空间的,本条不参评。

规划设计评价查阅城区地下空间规划、地下空间开发论证报告,审查地下空间规划的合理性。

实施运管评价查阅相关竣工图，并现场核查。

4.2.8 编制城市设计文件，并建立城市设计实施监督机制，评价总分值为 8 分，并按下列规则分别评分并累计：

1 编制城市设计文件，城区的空间形态、公共空间、重要街道、色彩风貌、建筑体量、照明系统以及标识系统等符合国家及本市相关城市设计要求，得 4 分。

2 建立城市设计实施监督机制，得 4 分。

【条文说明扩展】

《城市设计管理办法》（中华人民共和国住房和城乡建设部令第 35 号）中规定：

第十九条　城市、县人民政府城乡规划主管部门开展城乡规划监督检查时，应当加强监督检查城市设计工作情况。

国务院和省、自治区人民政府城乡规划主管部门应当定期对各地的城市设计工作和风貌管理情况进行检查。

《上海市控制性详细规划技术准则（2016 年修订版）》对城市设计作了具体规定：

1.6.1　根据总体规划，结合地区发展实际情况，规划集中城市化地区可分为一般地区、重点地区和发展预留区三种编制地区类型，分别适用不同的规划编制深度，且应符合《上海市控制性详细规划成果规范》的要求。

1.6.2　重点地区包括公共活动中心区、历史风貌地区、重要滨水区与风景区、交通枢纽地区以及其它对城市空间影响较大的区域。对于规划编制时发展用途不明确的用地，可划定为发展预留区。重点地区、发展预留区以外的地区为一般地区。

1.6.3　一般地区提出普适性的规划控制要求，形成普适图则。

1.6.4　重点地区除提出普适性的规划控制要求，形成普适图则外，需要通过城市设计或专项研究提出附加的规划控制要求，形成附加图则。

5.1.2　彰显地区文化内涵，传承历史文脉，体现时代精神，协调建筑与周边环境的关系，构建富有地域特征和人文魅力的城市风貌。

根据地区的重要性及其空间形态对城市空间的影响程度，重点地区分为三级，分别适用不同的城市设计研究内容。结合不同的地域条件，重点针对空间形态（不同于规划中的高度规定）、公共空间、建筑风貌、街区尺度、街墙界面、材质色彩、步行环境、街道家具、照明系统和标识系统等提出符合美学和文化特质的具体要求，并结合人的心理感知建立起具有整体结构特征、易于识别的城市意象和氛围，避免"千城一面"。绿色生态城区的城市设计应符合《上海市控制性详细规划技术准则（2016 年修订版）》的相关要求。

此外，2016 年 10 月上海市规划和国土资源管理局、市交通委联合发布了《上海市街道设计导则》,其中明确提到:塑造街道风貌传承历史文化,历史文化街区重在保护外观的整体风貌,整体性保护街巷网络和街坊格局;保护历史文化街区和历史文化风貌区的历史建筑。

绿色生态城区要加强城市设计编制工作,在制定控制性详细规划时应同步开展片区城市设计和重点地段、重要节点城市设计,并将城市设计要求贯穿于规划编制、审批、实施和监督等各环节。绿色生态城区的建筑设计和项目审批都要符合城市设计的要求,避免随意修改已经批准的城市设计。

【具体评价方式】

本条适用于规划设计、实施运管评价。

规划设计评价查阅城市设计文件及相关监管办法等。

实施运管评价在规划设计评价方法之外还应现场核查。

Ⅲ 公共空间与公共设施

4.2.9 城区合理规划绿地系统,评价总分值为 10 分,并按下列规则分别评分并累计:

1 新开发城区绿地率达到 35%,得 3 分;达到 38%,得 5 分。或更新城区绿地率达到 25%,得 3 分;达到 30%,得 5 分。

2 人均公园绿地面积达到 8.5m²/人,得 3 分;达到 11m²/人,得 5 分。

【条文说明扩展】

城市绿地系统指城市中各种类型和规模的绿化用地组成的整体。绿地系统规划内容包括规划目标与指标,绿地系统规划结构、布局与分区,绿地分类规划等。

根据现行国家标准《城市居住区规划设计标准》GB 50180、现行行业标准《城市绿地分类标准》CJJ/T 85 等标准规范,城区绿地包括公园绿地、防护绿地、广场绿地、附属绿地。公园绿地是城市中向公众开放的、以游憩为主要功能,有一定的游憩设施和服务设施,同时兼有健全生态、美化景观、科普教育、应急避险等综合作用的绿化用地。防护绿地是为了满足城市对卫生、隔离、安全的要求而设置的绿地,其功能是对自然灾害或城市公害起到一定的防护或减弱作用。广场绿地是以游憩、纪念、集会和避险等功能为主的城市公共活动场地。附属绿地是指附属于各类城市建设用地(除"绿地与广场用地")的绿化用地。

绿地率指建设用地范围内各类绿地面积之和占总建设用地面积的比例。计算公式为

$$绿地率(\%) = \frac{\sum 各类绿地面积(km^2)}{城区建设用地面积(km^2)} \times 100\%$$

人均公园绿地面积的计算公式为

$$人均公园绿地面积(m^2/人) = \frac{\sum 公园绿地面积(m^2)}{城区总人口(人)}$$

根据行业标准《城市绿地分类标准》CJJ/T 85—2017 的规定,绿化占比大于或等于 65％的广场绿地计入公园绿地。

根据《上海市城市总体规划实施评估报告》,上海市绿化建设尽管在上一轮总体规划实行期间有大幅提升,但总量仍然未达到 2020 年规划目标,尤其是在中心城,与国际化大都市尚存较大差距。绿化建设一直以来都是上海市宜居城市建设的重要任务之一。考虑当前全市绿化建设的迫切需求和现实基础,故对新开发城区提出较高绿地率要求,而适当放宽对更新城区的绿地率要求。

【具体评价方式】

本条适用于规划设计、实施运管评价。

评价时,绿地应以绿化用地的平面投影面积为准,每块绿地只应计算 1 次。绿地计算所用的图纸比例、计算单位和统计数字精确度均应与城市规划相应阶段的要求一致。

规划设计评价时,地块绿地率不明确时,附属绿地面积的计算可参照《上海市绿化行政许可审核若干规定》中各类建设项目的最低绿地率要求进行计算。

若参评城区为控制性详细规划单元中的部分区域,计算人均公园绿地面积时,要基于该指标所在的单元规划进行总体评价。

规划设计评价查阅控制性详细规划、绿地系统规划、绿地率及人均公园绿地面积计算书。

实施运管评价在规划设计评价方法之外还应现场核查。

4.2.10 公共开放空间具有较好的便捷性,且与步行系统相连,与沿线公共用地设施良好协调,与周边用地良好互动,评价总分值为 8 分。社区级单个公共开放空间的面积不少于 400m²,300m 服务半径覆盖率达到 70％,得 3 分;达到 80％,得 5 分;达到 90％,得 8 分。

【条文说明扩展】

公共开放空间指城市中室外的、面向所有市民的、全天开放并提供活动设施的场所,包括建城区的公园绿地、水体、广场、文体设施及其他各类设施的附属各个空间,也包括市域范围内的各类可供市民亲近的生态开敞空间,不包括室内、半室内公共空间及供特定人群使用的半私密空间。公共开放空间兼具游憩、调节气候、美化环境、防灾减灾等综合作用,它是表征城市整体环境水平和生活环境质量的一项重要指标。

本条要求落实上位规划确定的市级和地区级公共绿地、生态廊道、城市广场等大型公共空间,并设置为周边居民服务的社区级小型公共空间。社区级公共空间网络宜以社区内生活性支路、公共通道、水系为依托,结合社区公共活动中心、公共服务设施进行设置。广场规模:广场建议不超过 2hm²,1000m² 以下为宜;大型公共设施广场建议为 0.3hm²～2hm²;以聚集活动为主的空间建议为 1000m²～3000m²;以休憩为主的小型空间建议为 $400m^2\sim1000m^2$。界面形式：公共绿地及广场周边宜形成积极界面，沿界面建议至少 50% 建筑为零售、餐饮或区划规定的服务功能，并鼓励设置开放透明的外墙；周边建筑出入口宜朝向公共空间。

公共开放空间 300m 服务半径覆盖率计算公式为

公共开放空间 300m 服务半径覆盖率（%）=

$$\frac{城区公共开放空间按300m服务半径计算覆盖城区建设用地面积（km^2）}{城区建设用地面积（km^2）}\times100\%$$

【具体评价方式】

本条适用于规划设计、实施运管评价。

规划设计评价查阅控制性详细规划、公共开放空间 300m 服务半径覆盖率计算书。

实施运管评价在规划设计评价方法之外还应现场核查。

4.2.11 社区级公共服务设施具有较好的便捷性，且与步行系统相连，评价总分值为 12 分，按下列规则分别评分并累计：

1 幼儿园、托儿所服务半径不大于 300m，所覆盖的居住用地面积占比达到 80%，得 3 分。

2 小学服务半径不大于 500m，所覆盖的居住用地面积占比达到 80%，得 2 分。

3 中学服务半径不大于 1000m，所覆盖的居住用地面积占比达到 80%，得 2 分。

4 养老服务设施服务半径不大于 500m，所覆盖的居住用地面积占比达到 80%，得 3 分。

5 社区商业服务设施服务半径不大于 500m，所覆盖的居住用地面积占比达到 80%，得 2 分。

【条文说明扩展】

本条适用于规划设计、实施运管评价。

公共服务设施是指由各级政府部门为居民日常生活服务提供的各类设施，包括市级、区级、社区级三个等级。其中，市级公共服务设施包括市级行政办公设施、市专业部门管理或服务于全市的商业服务、文化、体育、医疗卫生、教育科研、养老福利等设施。区级公共服务设施包括区级行政办公设施，行政区专业部门管理或服务人口规模在 20 万左右的商业服务、文化、体育、医疗卫生、教育科研、养老福利等设施。社区级公共服务设施包括街道（镇）行政部门管理的行政、文化、体育、医疗卫生设施，以及社区养老福利、商业等设施等。

本条侧重于基本公共配套设施的布局优化，并对城区内与居民生活联系较为密切的五种公共服务设施（幼儿园和托儿所、小学、中学、养老服务设施和商业服务设施）的配置提出要求。此外，绿色生态城区内公共服务设施配置还应满足《上海市控制性详细规划技术准则（2016年修订版）》的相关要求。

便捷性是指在街道发育较为成熟的街区，通过密集的街道网络、有效土地复合利用，使街道将市民每日生活所需求的公共服务设施联系起来，使人们可以在15分钟步行或骑行范围获取绝大多数日常生活所需的服务（参见《上海市15分钟社区生活圈规划导则》），并进行交往与休闲活动，而不需要依靠小汽车进行出行。便捷性可以通过加强社区公共服务设施与城市道路的人行道、街坊通道、地块内公共通道、公共绿地内的步行道等各类步行通道组成的步行网络等之间的有效联系实现。

五种公共服务设施（幼儿园和托儿所、小学、中学、养老服务设施和商业服务设施）的服务半径和比例计算公式如下：

幼儿园和托儿所服务半径覆盖率（%）＝

$$\frac{幼儿园、托儿所按300m服务半径计算覆盖居住用地面积（km^2）}{居住用地面积（km^2）} \times 100\%$$

小学服务半径覆盖率（%）＝

$$\frac{小学按500m服务半径计算覆盖居住用地面积（km^2）}{居住用地面积（km^2）} \times 100\%$$

中学服务半径覆盖率（%）＝

$$\frac{中学按1000m服务半径计算覆盖居住用地面积（km^2）}{居住用地面积（km^2）} \times 100\%$$

养老服务设施服务半径覆盖率（%）＝

$$\frac{养老设施按500m服务半径计算覆盖居住用地面积（km^2）}{居住用地面积（km^2）} \times 100\%$$

商业服务设施服务半径覆盖率（%）＝

$$\frac{商业服务设施按500m服务半径计算覆盖居住用地面积（km^2）}{居住用地面积（km^2）} \times 100\%$$

【具体评价方式】

本条适用于规划设计、实施运管评价。

规划设计评价查阅控制性详细规划及各项设施服务半径覆盖率计算书，审查社区级公共服务设施系统规划布局情况。计算各项设施服务半径覆盖率指标时，周边地区的各类服务设施服务半径覆盖到的居住用地也可纳入分子计算。

实施运管评价在规划设计评价方法之外还应现场核查。

5 绿色交通与建筑

绿色交通与建筑是城区的基本脉络和载体,绿色生态城区应倡导绿色出行,建设绿色健康建筑,打造美好生活。"绿色交通与建筑"有 2 项控制项,14 项评分项。绿色交通和绿色建筑两个板块,分别有 7 条(47 分)和 7 条(53 分)。

5.1 控制项

5.1.1 应制定绿色交通专项规划,促进绿色交通出行。

【条文说明扩展】

绿色生态城区应鼓励人们绿色、低碳出行,城区交通规划应遵循上位规划,分析本区内的交通需求与交通特征,对如何降低交通碳排放与提高绿色交通出行量提出指导性措施及总体控制要求。

城区绿色交通专项规划内容应包括道路交通系统规划、公共交通系统规划、慢行交通系统规划、停车设施规划等内容,具体编制可参照但不限于以下内容:

1. 规划概况:包含区域交通背景、项目概况、规划范围及年限、规划目标、规划内容、规划依据等,规划目标中应明确绿色交通规划指标。

2. 交通需求分析:包含城区交通现状、城区未来交通生成与吸引、城区未来出行分布、城区未来交通方式划分及分配、周边交通影响等方面的预测与分析。

3. 交通组织规划:包含对外交通、对内交通等内容。

4. 道路交通系统规划:包含城区道路系统等级结构规划、各级道路网络布局、红线宽度、竖向规划、断面布置、交叉口形式和交通稳静化等内容,并统计和计算规划指标。

5. 公共交通系统规划:包含 TOD(公交引导)发展策略研究、公共交通方式和网络布局、各种交通的衔接方式、公交枢纽和场站设施的分布和用地范围、公交运营组织等内容。

6. 慢行交通系统规划:包含步行系统、自行车系统、自行车租赁系统、慢行廊道系统等内容。

7. 停车设施规划:包含公共停车换乘停车场、自行车停车场、社会停车场、充电桩设施、停车配套设施等内容。

8. 智慧交通规划:包含道路监控、智慧公交、智能停车、智慧管理等内容。

9. 保障措施:为落实绿色交通相关内容,在资金、政策等方面应提出具体的管控措施,以及实施计划、近期建设内容等。

【具体评价方式】

本条适用于规划设计、实施运管评价。

如果综合交通规划、控制性详细规划等成果中包含绿色交通相关内容，则可不必另外编制绿色交通专项规划；若综合交通规划、控制性详细规划等中无绿色交通相关内容，则应编制绿色交通专项规划。

规划设计评价查阅综合交通规划、控制性详细规划或绿色交通专项规划等文件，审查其中绿色交通（公共交通、慢行交通、停车设施、智慧交通等）相关的内容。

实施运管评价查阅城区交通年度评估报告，并现场核查。交通年度评估报告应对城区道路系统、公共交通、慢行交通、新能源交通、智慧交通、停车设施等运行情况进行评估，分析处理交通数据、交通事件记录、投诉反馈意见等信息资料，综合评估城区交通水平、运行情况，对城区交通发展方向提出优化建议，助推城区交通朝畅通、便捷、绿色方向发展。

5.1.2 应制定绿色建筑专项规划，推动绿色建筑规模化发展。

【条文说明扩展】

城区建筑应在全过程贯彻绿色低碳理念，规划设计阶段应合理确定绿色建筑发展目标及控制指标。绿色建筑专项规划的目的是对绿色建筑的发展从宏观到微观进行整体规划建设指导。近年来，建筑工业化、海绵城市、BIM、健康建筑等绿色生态理念不断涌现并开展相关实践，绿色建筑概念在不断拓展和延伸，城区在编制绿色建筑专项规划时应把这些因素考虑在内，并结合相关政策、标准规范要求合理进行规划。绿色建筑专项规划的目标应符合现行绿色建筑相关强制性政策和标准的要求。绿色建筑专项规划可包括但不限于以下内容：

1. 项目概述：包含绿色建筑发展背景和趋势、项目概况、编制原则、规划目标、规划期限、规划范围、规划内容和规划依据等。

2. 目标定位：结合上海市及所在区绿色建筑政策要求、上层规划条件、建筑建设布局及规划理念等，合理制定总体目标（如绿色建筑比例、健康建筑比例、装配式建筑比例、全装修建筑比例、BIM 技术应用率等）。

3. 规划布局：根据城区功能定位、经济发展、资源条件、交通区位、生态环境、开发主体等因素，将总体目标进行分解，开展绿色建筑、健康建筑、超低能耗建筑、装配式建筑等规划布局工作，明确不同地块的绿色建筑指标（如绿色建筑等级、健康建筑等级、超低能耗建筑、装配式建筑、全装修建筑等地块指标）。

4. 绿色建筑适宜技术：根据城区不同类型建筑（改造、新建或商业、办公、居住、酒店等），或不同等级（基本级、一星、二星、三星）建筑，结合总体目标、地块绿色建筑指标制定适宜的技术。

5. 管控措施：制定绿色建筑全过程管理办法，严格规范绿色建筑在项目立项、土地出让或划拨、设计方案审核、设计文件审查、施工过程、竣工验收等环节的管理要求,确保绿色建筑相关指标的实施。

【具体评价方式】

本条适用于规划设计、实施运管评价。

规划设计评价查阅控制性详细规划、绿色建筑专项规划等文件,审查绿色建筑规划目标、规划布局及管控措施等。

实施运管评价查阅城区绿色建筑实施评估报告、绿色建筑推进管理文件等,审查绿色建筑规划方案实施情况,包括各星级绿色建筑数量、运行效果等内容,并现场核查。

5.2 评分项

Ⅰ 绿色交通

5.2.1 城区道路系统设计合理,符合现行上海市工程建设规范《城市道路设计规程》DGJ 08-2106 的有关规定,评价总分值为 7 分,并按下列规则分别评分并累计:

1 结合地形、地物合理进行路线设计,降低道路工程对生态环境及资源的影响,得 4 分。

2 对机动车道、非机动车道、人行道等通行空间进行合理规划与布局,得 3 分。

【条文说明扩展】

本条第 1 款要求城区路线设计符合上位规划的相关规定,并结合地形、地物[地面上各种有形物(如山川、森林、建筑物等)和无形物(如区界等)的总称],对工程地质、水文地质、气象气候、生态环境、自然景观等进行调查,合理确定路线线位和平纵线形技术指标。

路线设计是道路设计的核心,应遵照统筹规划、合理布局、近远结合、综合利用的原则进行总体设计,并应综合协调各种关联工程的关系,按照兼顾发展与适度超前的原则,妥善处理已建工程和新建工程的布局,合理确定路线方案。

城区道路的路线走向应符合所在地土地利用规划、总体规划、控制性详细规划的要求。在地形起伏、工程地质复杂的地区,应对自然条件和建设条件进行调查,对可行的路线走向进行必要的比选,合理确定路线线位和主要平纵线形技术指标。当采用不同的设计速度、技术指标或设计方案对工程造价、征地拆迁、自然环境、文物保护、社会效益和经济效益等有明显差异时,应作同等深度的技术经济论证,对社会稳定风险和环境影响进行评价,提出技术可行、经济合理、安全适用、施工方便的设计方案。道路线形设计的各单项技术指标应满足相应道路等级的设计速度规定的最小值要求。线形设计应根据地形、地质、地物、技术难度及其工程量大小等因素综合考虑,合理选择线形技术指标,进行组合设计和优化设计。

本条第 2 款中机动车道、非机动车道、人行道等通行空间合理规划与布局,各类道路在断面宽度、通行连续性上满足人、车出行的基本需求,可保障城区交通安全、畅通运行,同时维护各出行主体的通行权。《上海市综合交通"十三五"规划》提出保障交通通行空间要求,关注各级道路的通行权。绿色生态城区在各级道路断面宽度及连续性规划时,应满足现行国家标准《城市道路交通规划设计规范》GB 50220、现行行业标准《城市道路工程设计规范》CJJ 37、现行上海市工程建设规范《城市道路设计规程》DGJ 08-2106 中有关道路宽度、道路交叉设计等要求,保障各级道路通行权,营造安全、舒适出行环境。

【具体评价方式】

本条适用于规划设计、实施运管评价。

第 1 款评价时,查阅城区规划前地形、地质、自然景观、水系等现状图纸及调查评估文件,并与绿色交通相关的规划文件进行核对。对于存在破坏地形、占用水系、调整水网等情况的,提供相关生态补偿方案;若无,则本款不得分。

第 2 款评价时,主要审查两方面的内容:一是城区道路系统在内部及外部连接上保持通畅,无断头路;二是主、次干道断面设计应包含机动车道、非机动车道和人行道的宽度,其宽度符合国家及地方相关规范的规定。

规划设计评价查阅绿色交通专项规划、综合交通规划、控制性详细规划或其他规划文件,审查土地利用现状图(含地形图)、土地利用规划图、用地布局竖向图、道路系统规划图、道路断面规划图;对于存在破坏生态的,还应审查生态补偿方案。

实施运管评价查阅城区交通年度评估报告,审查道路系统运行评估及优化运行建议,并现场核查。

5.2.2 公共交通系统便捷、服务设施配套完善、车辆清洁低碳,评价总分值为 12 分,并按下列规则分别评分并累计:

1 轨道交通站点 600m 用地覆盖率达到 80%(或公交站点 500m 覆盖率达到 90%),得 2 分;达到 90%(或公交站点 500m 覆盖率达到 100%),得 4 分。

2 设置公交专用车道,得 2 分。

3 新能源公交车比例达到 70%,得 2 分。

4 轨道交通站点周边设置公交站、非机动车停车场、出租车候客泊位等接驳换乘设施,各设施间换乘步行距离不大于 150m,得 2 分。

5 公共交通系统具有人性化的服务设施,得 2 分。

【条文说明扩展】

发展公共交通是缓解城市拥堵,解决城市居民便利出行的重要举措。2012 年国务院下发《关于城市优先发展公共交通的指导意见》明确提出,"城市公共交通"应作为优先发展战略。因此,绿色生态城区应合理规划公共交通线路、公共交通站点及各类配套设施,为居民出行提供优质服务。

第 1 款,《上海市城市总体规划(2017－2035 年)》要求按照"一张网、多模式、广覆盖、高集约"的理念,构建城市多层次的轨道交通网络,并提出主城区轨道交通站点 600m 覆盖面积、人口、岗位比例分别达到 50%,60%,65%,新城城区达到 40%,50%,50%以上要求;到 2035 年中心城轨道交通站点 600m 覆盖面积、人口、岗位比例分别达到 60%,70%,75%。轨道站点覆盖率以站台的长宽边上所有点为圆心核算 600m 覆盖面积(图 5.2.2-1),公交站点以道路两旁一对站点之间连线上所有点为圆心核算 500m 覆盖面积(图 5.2.2-2),轨道站点覆盖率可按下式计算,式中服务半径为空间距离:

轨道站点 600m 用地(公交站点 500m)覆盖率(%)

$$= \frac{\text{轨道站点 600m(公交站点 500m)服务半径覆盖面积(m}^2)}{\text{城区建设用地面积(m}^2)} \times 100\%$$

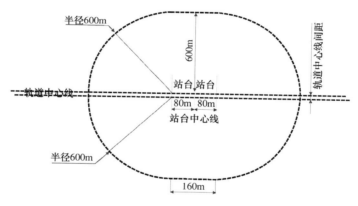

图 5.2.2-1　轨道站点覆盖半径计算示意图

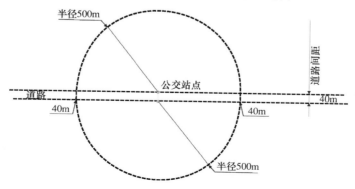

图 5.2.2-2　公交站点覆盖半径计算示意图

第 2 款,公交专用车道是指在规定时间内只允许公交车辆或特殊车辆通行的车道。绿色生态城区可根据出行需求合理进行公交专用道的规划设计,并按照现行行业标准《公交专用车道设置》GA/T 507 或现行上海市地方标准《公交专用车道设置规范》DB11/T 1163 的要求进行规划设计,且符合现行行业标准《快速公共汽车交通系统设计规范》CJJ 136 的规定。

《公交专用车道设置》GA/T 507－2004 规定,城市主干道满足下列全部条件时应设置公交专用道:

1 路段单向机动车道 3 车道以上(含 3 车道),或单向机动车道路幅总宽不小于 11m。

2 路段单向公交客运量大于 6 000 人次/高峰小时,或公交车流量大于 150 辆/高峰小时。

3 路段平均每车道断面流量大于 500 辆/高峰小时。

城市主干道满足下列条件之一时宜设置公交专用道:

1 路段单向机动车道 4 车道以上(含 4 车道),或断面单向公交车流量大于 90 辆/高峰小时。

2 路段单向机动车道 3 车道,单向公交客运量大于 4 000 人次/高峰小时,且公交车流量大于 100 辆/高峰小时。

3 路段单向机动车道 2 车道,单向公交客运量大于 6 000 人次/高峰小时,且公交车流量大于 150 辆/高峰小时。

第 3 款,根据《关于推广应用节能和新能源等环保型公交车的实施意见》,新能源公交指动力采用油电混合、电电混合、纯电动、插电式(含增程式)混合动力和燃料电池的公共汽车。计算新能源公交车比例时,分母中的公交车数量为过境且在城区内部(不含城区红线边界道路)设置有公交站点的所有公交车,计算公式如下:

$$新能源公交车比例(\%) = \frac{新能源公交车数量(辆)}{公交车数量(辆)} \times 100\%$$

第 4 款,本条强调不同交通主体间便利换乘,减少居民换乘时间,提高出行效率。《上海市控制性详细规划技术准则(2016 年修订版)》规定,规划区应结合已规划或设置的轨道站点,在其周边合理设置公交站、非机动车停车场、公共自行车租赁点、出租车候客泊位等接驳换乘设施,且各出入口距离不宜大于 150m。

第 5 款,人性化的服务设施包括设置导向设施、无障碍通道、遮阳设施、座椅等。城市道路无障碍设计应参照现行国家标准《无障碍设计规范》GB 50763 中的"城市道路"内容进行规划设计,并严格落实"人行天桥桥下的三角区净空高度小于 2.0m 时,应安装防护设施,并应在防护设施外设置提示盲道";道路其他相关的服务设施应符合现行国家标准《城市道路交通设施设计规范》GB 50688、现行行业标准《城镇道路路面设计规范》CJJ 169 等的规定。

【具体评价方式】

本条适用于规划设计、实施运管评价。

本条第 4 款中 150m 的距离以各换乘点出入口为起止点,当有一换乘设施离其他换乘设施大于 150m 时,第 4 款不得分。公共交通人性化的服务设施,在满足相关规范强制性要求同时,主、次干道上设置导向设施、无障碍通道、遮阳设施、座椅等四项设施时,第 5 款可得分。

规划设计评价查阅绿色交通专项规划、综合交通规划、控制性详细规划等相关规划文件,审查道路规划图、公共交通规划图、公交站点布局图(应标记直接式、港湾式等站点形式及站点 500m 覆盖半径)及相关说明,并核实规划合理性。

实施运管评价查阅交通年度评估报告,审查轨道站点、公交站点、公交专用道、新能源公交车等公共交通运行情况、使用效率等评估内容及建议,并现场核查。

5.2.3 步行和自行车系统连续、安全、舒适,评价总分值为 9 分,并按下列规则分别评分并累计:

1 步行网络和自行车网络连续,且没有障碍物影响道路宽度,得 4 分。

2 步行网络和自行车网络设置交通导向标识、交通安全、休息等配套服务设施,得 2 分。

3 距离不超过 250m 且行人红灯时间不大于 45s 的行人过街设施比例达到 50%,得 3 分。

【条文说明扩展】

第 1 款中,步行网络由各类步行道路和过街设施构成,步行道路可分为步行道、步行专用路两类。自行车网络由各类自行车道路构成,可分为自行车道和自行车专用路两类。步行网络连续是指步行系统不被绿化、建(构)筑物等打断,其宽度不得小于 2m;自行车网络连续是指在平面上,除交叉路口外不被绿化、建(构)筑物等空间打断,在标高上不能出现突变。没有障碍物影响道路宽度指规划或运营时不得有电线杆、路灯、机动车停车、商业等情况占用道路,且符合现行国家标准《无障碍设计规范》GB 50763 的规定。

绿色生态城区应加强公共交通及公共开放空间周边步行、非机动车通道及停车设施的建设和管理,保障慢行交通通行空间。居住、商业、商务、文化和创意产业集聚的区域,应建便捷舒适的慢行交通系统,并完善无障碍设施建设,保障其连续、畅通。

绿色生态城区的自行车道设计应满足现行国家标准《城市道路交通规划设计规范》GB 50220、现行行业标准《城市道路工程设计规范》CJJ 37 及《城市步行和自行车交通系统规划设计导则》中关于"自行车道的宽度和隔离方式"和"自行车空间与环境设计"的要求(表 5.2.3),以塑造连续、安全、便利的绿色出行空间。城市步行和自行车空间在具体设计时应参照《上海市街道空间设计导则》要求,改善慢行空间的出行环境,提升居民出行舒适度。

表 5.2.3　各级自行车道宽度和隔离方式要求

自行车道等级	自行车道宽度(m)	隔离方式
自行车专用路	单向通行不宜小于 3.5 双向通行不宜小于 4.5	应严格物理隔离,并采取有效的 管理措施禁止机动车进入和停放
一级	3.5～6.0	应采用物理隔离
二级	3.0～5.0	应采用物理隔离
三级	2.5～3.5	主干路、次干路应采用物理隔离, 支路宜采用非连续物理隔离

第 2 款中的"配套服务设施"包括良好的道路照明设施、交通导向标识、交通安全设施、休息设施、环卫设施等,各设施布局与设计应符合现行国家标准《城市道路交通设施设计规范》GB 50688、现行行业标准《城市道路工程设计规范》CJJ 37 和《城市步行和自行车交通系统规划设计导则》等的规定。

第 3 款中提到的"行人过街设施"主要包括人行横道、人行天桥和人行地道,上海市工程建设规范《城市道路设计规程》DGJ 08－2106－2012 规定:人行横道、人行天桥和人行地道的设置应根据行人横穿道路的实际需要确定,宜参照该标准中表 9.2.8-1 的规定执行。在快速路和主干路上人行横穿设施的间距宜为 300m～400m,次干路上宜为 150m～300m,在居住、商业等步行密集区域的行人过街设施间距宜为 100m～250m。道路交叉口的人行横道应设行人过街信号灯,路段的人行横道宜设行人过街信号灯,行人过街红灯时间不得大于 140s,绿灯时间不宜小于 30s。

本款提出更高要求,即"距离不超过 250m 且行人红灯时间不大于 45s 的行人过街设施比例达到 50%"。评价时,主要考虑主、次干路上的行人过街设施(人行横道、人行天桥和人行地道),快速路、支路上的行人过街设施不纳入计算范围。计算公式如下:

间距不超过 250m 且行人红灯时间不大于 45s 的行人过街设施比例(%)

$$=\frac{\text{符合指标的行人过街设施数量(个)}}{\text{主、次干道路上的行人过街设施总数量(个)}}\times100\%$$

【具体评价方式】

本条第 1,2 款适用于规划设计、实施运管评价,第 3 款适用于实施运管评价。

第 1 款评价时,主要评价两方面内容:一是道路旁边的步行道和自行车道;二是结合水系、公园、景点等设置的专用步行道和自行车道。主要评价步行网络和自行车网络的连续性、完善度,以及宽度是否符合相关规范要求。

第 2 款评价时,主要对设施类型及数量进行评价,设施类型应落实对应规范的强制要求,同时所有步行网络和自行车网络合理布局道路照明设施、交通导向标识、交通安全设施、休息设施(城市支路除外)、环卫设施等五项内容时,该款可得分。

第 3 款评价时,主、次干道交叉口双向过街计算为两条。人行横道同时满足不大于 250m 和红灯时间 45s 条件时,为符合指标要求;人行天桥和人行地道出入口之间距离不大于 250m 时,为符合指标要求。

规划设计评价查阅绿色交通专项规划、综合交通规划、控制性详细规划等规划文件,审查慢行交通规划图(含步行网络、自行车网络规划布局)及交通设施规划说明(应注明慢行道宽度、各类服务设施点)等内容。

实施运管评价查阅交通年度评估报告,审查步行道路、自行车道、各类设施等慢行交通运行评估内容及建议,并现场核查。

5.2.4 设置新能源汽车分时租赁服务网点,评价分值为 3 分。

【条文说明扩展】

分时租赁是指把一辆汽车在不同时间段分配给不同用户使用,鼓励短时用车、衔接式用车的租赁模式。该模式不仅缓解了城区停车位需求,使得车辆在城市中的使用效率最大化,而且大幅降低了用户的出行成本,节省购车成本及养车费用。

目前新能源汽车分时租赁暂无标准文件或技术指南支撑其建设,国家和地方主要出台有关鼓励分时租赁发展的政策文件,包括《关于促进汽车租赁业健康发展的指导意见》《关于促进小微型客车租赁健康发展的指导意见》等国家文件和上海市《关于本市促进新能源汽车分时租赁业发展的指导意见》。

【具体评价方式】

本条适用于规划设计、实施运管评价。

本条文评价时,应对新能源汽车分时租赁服务网点的合理性进行评价,网点宜结合小区、码头、商圈、医院、公交枢纽等重要节点进行布局。城区内设有一个及以上新能源汽车分时租赁服务网点,该条文即可得分。

规划设计评价查阅绿色交通专项规划、综合交通规划、控制性详细规划等相关规划文件,审查新能源汽车分时租赁服务网点布局图(可与公共交通规划图或慢行交通规划图结合)及相关规划说明。

实施运管评价查阅交通年度评估报告,审查新能源汽车分时租赁的运营情况,并现场核查。

5.2.5 合理设置非机动车停车位,有序管理共享单车,评价总分值为 7 分,并按下列规则分别评分并累计:

1 合理设置非机动车停车位置及数量,明确非机动车禁停区,得 3 分。

2 共享单车投放数量、位置及投放车辆技术性能符合本市相关管理规定,得 2 分。

3 合理采用新技术管理共享单车,得 2 分。

【条文说明扩展】

　　绿色生态城区应合理配置自行车停车设施,其位置和数量应符合《上海市城市规划管理技术规定》、现行上海市工程建设规范《建筑工程交通设计及停车库(场)设置标准》DG/TJ 08－7、《上海市鼓励和规范互联网租赁自行车发展的指导意见(试行)》及国家相关标准规范的规定。《上海市城市总体规划(2017－2035 年)》也提出结合轨道交通站点和公共活动中心,设立步行通道、非机动车停车泊位,形成"B＋R"(自行车＋停车)立体慢行换乘。

　　共享单车即互联网租赁自行车,指以互联网技术为依托,由运营企业投放的分时租赁营运非机动车,是方便公众短距离出行和对接公共交通的交通服务方式。

　　第 1 款中合理布局共享单车停车空间,应符合《城市步行和自行车交通系统规划设计导则》中"自行车停车设施设计"和"公共自行车系统"的相关规定。共享单车应结合城区具体情况合理选择停车设施的位置、规模和形式。新建居住区和公共建筑的自行车停车场,其规模应满足《上海市建设工程城乡规划管理技术规定》中配建指标要求。

　　第 2 款中关于共享单车投放数量、位置、投放车辆技术性能和管理要求等内容应符合《上海市互联网租赁自行车管理办法(草案)》的相关要求。共享单车运营单位定期上报提供辖区内单车投放运营数量、车辆使用和运营调度情况、运维人员安排情况等信息。共享单车的新增投放须符合有关规定,投放前须提前向街道进行报备。投放车辆的整车及其主要部件的安全、强度与性能方面还应符合现行国家标准《自行车通用技术条件》GB/T 19994 的规定。

　　第 3 款中新技术主要指采用 GPS(或北斗系统)、电子围栏等技术,鼓励城区采用新技术进行共享单车的管理。

【具体评价方式】

　　本条适用于规划设计、实施运管评价。

　　第 1 款评价时,从两方面进行评价:一是非机动车停放位置及数量的规划合理性;二是城区非机动车禁停区的规划合理性,规划内容有具体分析及布局图。

　　第 2 款需提供共享单车企业在城区投放共享单车的相关数据、报告文件,若无材料证明其投放符合规定,该条文不得分。

　　第 3 款根据城区发展水平,结合非机动车停放位置合理采用新技术参与管理,且采用新技术进行管理的非机动车停车位数量占总社会非机动车停车位数量比例达到50％时,该条方可得分。

　　规划设计评价查阅控制性详细规划、综合交通规划或绿色交通专项规划,审查非机动车停车位布局图(可结合其他交通图布局)及规划说明,规划说明应罗列各个非机动车停车位位置、停车位数量及布局说明。

实施运管评价查阅交通年度评估报告,审查非机动车停车、共享单车投放运行情况等评估内容及建议,并现场核查。若采用新技术管理共享单车,应查阅新技术产品购置合同及产品说明书。

5.2.6 合理配置机动车停车场,评价总分值为 6 分,并按下列规则分别评分并累计:

1 设置 P＋R 停车场,得 2 分。

2 社会停车场采用机械式停车库、地下停车库或立体停车库等集约停车方式的比例达到 60％,得 2 分。

3 公共停车场、P＋R 停车场配置充电设施的停车位比例达到 15％,得 2 分。

【条文说明扩展】

本条第 1 款中 P＋R 停车场即换乘停车场,指设置在城市内环线以外,与轨道交通等公共交通方式相衔接,以适当的停车收费价格引导和鼓励驾车人将机动车在此停放后换乘公共交通出行的公共停车场(库)。

P＋R 停车场布局于内环线以外区域,P＋R 停车场出入口与轨道交通站点、公交首末站等出入口的步行距离宜在 150m 以内,并能提供的用来为停车换乘服务的泊位数量宜不少于 200 个,具体布局及内容满足《上海市公共换乘停车场(库)运营管理规定》的要求。P＋R 停车场应与场地功能布局相结合,合理组织交通流线,不对行人及活动空间产生干扰。绿色生态城区应重点支持停车矛盾突出的住宅小区、医院、学校等及周边公共停车设施、大型综合交通枢纽、城市轨道交通外围站点等公共停车设施建设。

本条第 2 款机动车停车位应符合所在地控制性详细规划的要求,并科学管理、合理组织交通流线,不应对行人、活动场所产生干扰。停车位数量应符合《上海市城市规划管理技术规定》和现行上海市工程建设规范《建筑工程交通设计及停车库(场)设置标准》DG/TJ 08－7 的规定,停车位设计应满足现行国家标准《汽车库、修车库、停车场设计防火规范》GB 50076、现行行业标准《车库建筑设计规范》JGJ 100 等的要求,同时为有效控制中心区道路拥堵,合理进行停车位数量上限的控制。

社会停车场应合理选择机械式停车库、立体停车库等集约用地的停车形式,具体设计与建造应符合现行行业标准《升降横移类机械式停车设备》JB/T 8910、《垂直循环类机械式停车设备》JB/T 10215、《垂直升降类机械式停车设备》JB/T 10475、《巷道堆垛类机械式停车设备》JB/T 10474、《平面移动类机械式停车设备》JB/T 10545、《简易升降类机械式停车设备》JB/T 8909 及现行上海市工程建设规范《机械式停车库(场)设计规程》DGJ 08－60 等的规定。地下及立体停车库的设计与建设应符合现行行业标准《车库建筑设计规范》JGJ 100、《城市道路公共交通站、场、厂工程设计规范》CJJ/T 15 等规定,以保障设计坡度、停车面积等方面内容的合理性。

本款计算公式如下:

社会停车场采用机械式停车、地下停车或立体停车等集约停车方式的比例(%)

$$=\frac{采用机械式停车、地下停车、立体停车等一种或多种方式的停车位数量(辆)}{社会停车场停车数量(辆)}\times100\%$$

本条第 3 款中充电设施的合理布局对于促进绿色出行、减少环境污染具有重要意义。绿色生态城区应落实本市充电设施有关专项规划的要求,加快新能源充电设施建设布局;分类、分区推进住宅小区、办公场所、公共服务区域充电设施建设。绿色生态城区内停车场充电设施建设应符合《上海市电动汽车充电基础设施专项规划(2016—2020 年)》的相关要求:

1. 新建地块

住宅小区,原则上充电泊位应按照总停车位的 100% 建设或者预留充电设施建设安装条件,包括预留充电设施、管线桥架、配电设施、电表箱安装位置及用地;交通枢纽、办公场所、独立用地公共停车场、商业、公建等配套停车场应按照不低于总停车位 10% 的比例配建充电泊位。

2. 已建地块

住宅小区,鼓励物业联合充电设施建设运营商根据实际需求建设充电设施;交通枢纽、办公场所、独立用地公共停车场、商业、公建等配套停车场应按照不低于总停车位 5% 的比例增配充电泊位。换乘(P+R)停车场,充电泊位宜按照不低于 15% 的比例配建到位。

此外,电动汽车充电基础设施的设计、建设、施工和验收等应符合现行上海市工程建设规范《电动汽车充电基础设施建设技术规范》DG/TJ 08—2093 的规定,以规范电动汽车充电设施建设、保障电动汽车运行安全。

【具体评价方式】

本条适用于规划设计、实施运管评价。第 1 款适用于上海市内环线以外城区的评价,内环线以内的城区不参评,城区内设置 1 处及以上的 P+R 停车场,本款即可得分。

规划设计评价查阅绿色交通专项规划、综合交通规划或控制性详细规划等相关规划文件,审查机动车停车场布局图,并核实 P+R 停车场、停车场形式及配置充电设施的规划说明。

实施运管评价查阅交通年度评估报告、机械式停车产品购置合同及产品说明书、充电基础设施购置合同及产品说明书,审查机动车停车场运行情况等,并现场核查。

5.2.7 住宅组团用地、商业服务业用地、医疗卫生用地、基础教育设施用地等合理采取交通稳静化措施,评价分值为 3 分。

【条文说明扩展】

交通稳静化是指减少使用机动车辆所带来的负面影响,改变驾驶员的驾驶行为和改善街道上非机动车使用环境而采取的一系列措施的组合,即通过控制车辆速度和交通量等措施来减少机动车辆对人们正常生活的影响,通过改变驾驶员的驾驶行为和改善道路上非机动车使用环境的方法,使得道路的各种功能得到协调发展。

交通稳静化措施主要包括交通量控制措施和速度控制措施两类。交通量控制措施主要是指针对某一条街道,能够有效地减少交通量的措施,典型的措施包括道路缩窄、道路全封闭、道路半封闭、路口对角封闭、强制转向导流岛等。速度控制措施主要是指改变某一段道路的路面情况来迫使驾驶员降低车速,典型的措施包括减速带、人行道凸起、抬高人行横道、道路中心线偏移等,该措施强调控制车速保障人行安全,本条文针对该措施提出要求。绿色生态城区内的居住区、学校、商场、博物馆、展览馆等人流量较大,其过街设施、地块人行出入口及地块内部受机动车影响的步行空间等区域对安全出行、舒适出行有较高要求,应结合道路规划情况合理采取多种交通稳静化措施,营造安全、舒适的出行环境。

《城市步行和自行车交通系统规划设计导则》要求:

12.5.1 在城市核心商业区和政务区、居住区、高等院校的内部,以及医院、中小学等公共建筑的出入口处,应探索采用稳静化措施,以降低机动车车速,限制车流,减少交通事故,保证行人安全。

12.5.2 应因地制宜选择稳静化措施,如减速带、减速拱、槽化岛、行车道收窄、路口收窄、抬高人行横道、道路中心线偏移、共享街道等。

城区采用交通稳静化措施时,应在综合交通规划或绿色交通专项规划里面对城区交通组织进行综合梳理,特别是对人车冲突区进行系统分析,基于分析结果提出城区采用稳静化措施的重点道路、重点建筑,以及稳静化措施使用类型和采用的主要位置(路旁、交叉口、建筑出入口、建筑内部等)。

【具体评价方式】

本条适用于规划设计、实施运管评价。

规划设计评价查阅绿色交通专项规划、综合交通规划、控制性详细规划等相关规划文件,审查人车冲突区分析图、稳静化措施规划布局图及相关规划说明。

实施运管评价查阅交通年度评估报告,审查稳静化措施路段交通运行评估内容及建议,并现场核查。

Ⅱ　绿色建筑

5.2.8　新建建筑执行绿色建筑、健康建筑、超低能耗建筑等相关标准要求,评价总分值为 15 分,并按下列规则分别评分并累计:

　　1　二星级及以上绿色建筑面积占总建筑面积的比例达到 70%,得 5 分;达到 85%,得 8 分。

　　2　健康建筑或超低能耗建筑等的建筑面积占总建筑面积的比例达到 10%,得 4 分。

　　3　制定绿色建筑全过程监管办法,得 3 分。

【条文说明扩展】

　　本条第 1 款和第 2 款鼓励绿色生态城区的新建建筑执行绿色建筑、健康建筑、超低能耗建筑等标准要求。

　　由于涉及指标计算,故本条对新建建筑作如下界定:

　　(1) 对正在编制或修编控制性详细规划的城区,新建建筑为控制性详细规划中待开发地块上的建筑,不包含规划中保留和在建地块上的建筑。

　　(2) 对于无控制性详细规划修编计划的城区,新建建筑为城区启动绿色生态专业规划编制时,尚未进行土地划拨或出让地块上的建筑。

　　绿色建筑应符合现行国家标准《绿色建筑评价标准》GB/T 50378 及现行上海市工程建设规范《绿色建筑评价标准》DG/TJ 08—2090、《公共建筑绿色设计标准》DGJ 08—2143、《住宅建筑绿色设计标准》DGJ 08—2139 等标准的规定。

　　二星级及以上绿色建筑比例按下式计算:

二星级及以上绿色建筑比例(%)=

$$\frac{达到绿色建筑标准二星级及以上绿色建筑面积(m^2)}{新建建筑的总建筑面积(m^2)} \times 100\%$$

　　绿色生态城区鼓励新建建筑同时执行健康建筑、超低能耗建筑以及其他国际绿色健康相关标准。

　　健康建筑是指在满足建筑功能的基础上,为建筑使用者提供更加健康的环境、设施和服务,促进建筑使用者身心健康,实现健康性能提升的建筑。

　　超低能耗建筑一般泛指被动式超低能耗建筑、被动房、净零能耗建筑、近零能耗建筑、零能耗建筑等。

　　上海市住房和城乡建设管理委员会于 2019 年 3 月发布了《上海市超低能耗建筑技术导则(试行)》,导则中超低能耗建筑指适应气候特征和场地条件,在利用被动式建筑设计和技术手段大幅降低建筑供暖、空调、照明需求的基础上,通过主动技术措施提高能源设备与系统效率,以更少的能源消耗提供舒适室内环境的建筑,其供暖、空调、照明、生活热水、电梯能耗水平应较 2016 年建筑节能设计标准降低 50% 以上。

导则对超低能耗建筑的室内环境、建筑能耗及气密性作出了具体规定,要求如下:

3.3.1 住宅建筑能耗采用绝对指标控制,设计建筑供暖年耗热量、供冷年耗冷量,以及供暖空调、照明、生活热水、电梯一次能源消耗量应符合如下规定:

表3.3.1 住宅建筑能耗控制指标

类别	单位	指标
供暖年耗热量	$kW \cdot h/(m^2 \cdot a)$	≤8
供冷年耗冷量	$kW \cdot h/(m^2 \cdot a)$	≤25
年供暖空调、照明、生活热水、电梯一次能源消耗量	$kW \cdot h/(m^2 \cdot a)$	≤60

3.3.2 公共建筑能耗采用相对指标控制,以满足国家标准《公共建筑节能设计标准》GB 50189—2015要求作为基准建筑,设计建筑的全年累计耗冷热量、供暖空调、照明、生活热水、电梯一次能源消耗量降低幅度应符合如下规定:

表3.3.2 公共建筑能耗控制指标

类别	指标	基准建筑
全年累计耗冷热量降低幅度	≥30%	国家现行标准《公共建筑节能设计标准》GB 50189
年供暖空调、照明、生活热水、电梯一次能源消耗量降低幅度	≥50%	

《近零能耗建筑技术标准》GB/T 51350—2019中,近零能耗建筑是指"适应气候特征和场地条件,通过被动式建筑设计最大幅度降低建筑供暖、空调、照明需求,通过主动技术措施最大幅度提高能源设备与系统效率,充分利用可再生能源,以最少的能源消耗提供舒适室内环境,且其室内环境参数和能效指标符合本标准规定的建筑"。

《近零能耗建筑技术标准》GB/T 51350—2019第5章能效指标对夏热冬冷地区的近零能耗建筑、超低能耗建筑、零能耗建筑的建筑本体性能、可再生能源利用给出了具体要求:

5.0.1 近零能耗居住建筑的能效指标应符合表5.0.1的规定。

表5.0.1 近零能耗居住建筑能效指标

	建筑能耗综合值	≤55[$kW \cdot h/(m^2 \cdot a)$]或≤6.8[$kgce/(m^2 \cdot a)$]
建筑本体性能指标	供暖年耗热量[$kW \cdot h/(m^2 \cdot a)$]	≤8
	供冷年耗冷量[$kW \cdot h/(m^2 \cdot a)$]	$≤3+1.5 \times WDH_{20}+2.0 \times DDH_{28}$
	建筑气密性(换气次数 N_{50})	≤1.0
	可再生能源利用率	≥10%

注:1 建筑本体性能指标中的照明、生活热水、电梯系统能耗通过建筑能耗综合值进行约束,不作分项限值

要求；

2 本表适用于居住建筑中的住宅类建筑，表中 m² 为套内使用面积；

3 WDH_{20}（Wet-bulb degree hours 20）为一年中室外湿球温度高于 20℃ 时刻的湿球温度与 20℃ 差值的逐时累计值（单位：kW·h）；

4 DDH_{28}（Dry-bulb degree hours 28）为一年中室外干球温度高于 28℃ 时刻的干球温度与 28℃ 差值的逐时累计值（单位：kW·h）。

5.0.2 近零能耗公共建筑的能效指标应符合表 5.0.2 的规定，其建筑能耗值可按标准附录 B 确定。

表 5.0.2 近零能耗公共建筑能效指标

建筑综合节能率		≥60%
建筑本体性能指标	建筑本体节能率	≥20%
	建筑气密性（换气次数 N_{50}）	—
可再生能源利用率		≥10%

注：本条也适用于非住宅类居住建筑。

5.0.3 超低能耗居住建筑能效指标应符合表 5.0.3 的规定。

表 5.0.3 超低能耗居住建筑能效指标

建筑能耗综合值		≤65[kW·h/(m²·a)]或≤8.0[kgce/(m²·a)]
建筑本体性能指标	供暖年耗热量[kW·h/(m²·a)]	≤10
	供冷年耗冷量[kW·h/(m²·a)]	≤3.5＋2.0×WDH_{20}＋2.2×DDH_{28}
	建筑气密性（换气次数 N_{50}）	≤1.0

注：1 建筑本体性能指标中的照明、生活热水、电梯系统能耗通过建筑能耗综合值进行约束，不作分项限值要求；

2 本表适用于居住建筑中的住宅类建筑，表中 m² 为套内使用面积；

3 WDH_{20}（Wet-bulb degree hours 20）为一年中室外湿球温度高于 20℃ 时刻的湿球温度与 20℃ 差值的逐时累计值（单位：kW·h）；

4 DDH_{28}（Dry-bulb degree hours 28）为一年中室外干球温度高于 28℃ 时刻的干球温度与 28℃ 差值的逐时累计值（单位：kW·h）。

5.0.4 超低能耗公共建筑能效指标应符合表 5.0.4 的规定。

表 5.0.4 超低能耗公共建筑能效指标

建筑综合节能率		≥50%
建筑本体性能指标	建筑本体节能率（%）	≥20%
	建筑气密性（换气次数 N_{50}）	—

注：本条也适用于非住宅类居住建筑。

5.0.5 零能耗居住建筑的能效指标应符合下列规定：

1 建筑本体性能指标应符合本标准表 5.0.1 的规定；

2 建筑本体和周边可再生能源产能量不应小于建筑年终端能源消耗量。

5.0.6 零能耗公共建筑的能效指标应符合下列规定：

1 建筑本体节能率应符合本标准表5.0.2的规定；

2 建筑本体和周边可再生能源产能量不应小于建筑年终端能源消耗量。

健康建筑或超低能耗建筑等建筑面积比例按下式计算：

健康建筑或超低能耗建筑等建筑面积比例(%)＝

$$\frac{健康建筑、超低能耗建筑等建筑面积(m^2)}{新建建筑的总建筑面积(m^2)} \times 100\%$$

注：(1)若同一个建筑项目同时执行除绿色建筑评价标准之外两项及以上标准时，分子中仅算一个建筑项目的面积，不可重复计算。

(2)纳入分子计算的项目应符合现行相关标准或技术导则的要求，如符合现行国家标准《近零能耗建筑技术标准》GB/T 51350或《上海市超低能耗建筑技术导则(试行)》要求的建筑均可纳入分子计算。

本条第3款，要求创建绿色生态城区的管委会或者项目所属的区政府制定绿色建筑全过程管理办法，明确各职能部门的工作职责，组建工作协调小组，建立绿色建筑项目管理流程，严格规范绿色建筑在项目立项、土地出让或划拨、设计方案审核、设计文件审查、施工过程、竣工验收等环节的管理要求，确保绿色建筑相关指标的落实。

【具体评价方式】

本条适用于规划设计、实施运管评价。

评价时，第1款中通过本市施工图审查的二星级绿色建筑和获得绿色建筑标识的二星级绿色建筑均认可为执行绿色建筑标准。第2款中超低能耗建筑(符合国家或本市超低能耗相关技术标准或导则要求建筑)、获得国内健康建筑标识、国际WELL认证、LEED认证、BREEAM认证、DGNB认证的建筑均可纳入分子计算。实施运管评价时，有认证标准的需获得认证标识，没有相应认证标准需符合相关技术导则或规范要求，并提供相关证明。第3款中城区有管理办法、管理办法合理且严格执行即可得分，不强调是否正式发布。

规划设计评价查阅绿色建筑专项规划和绿色建筑管理办法，审查有关绿色建筑、超低能耗建筑、健康建筑相关的规划目标、规划布局图、地块控制指标表和相关比例计算书等。

实施运管评价查阅绿色建筑实施评估报告、绿色建筑及健康建筑等标识证书或能耗模拟分析报告等相关证明文件，并现场核查。

5.2.9 城区内既有建筑实施绿色改造，提升既有建筑性能，评价总分值为5分。实施绿色改造的建筑面积占改造建筑面积的比例达到10%，得3分；达到20%，得5分。

【条文说明扩展】

既有建筑绿色改造已成为国民经济发展的重要组成部分，是实现节能减排和环境保护目标的主要抓手，得到全社会的高度关注。根据《建筑节能与绿色建筑发展"十三五"规划》文件要求，"到2020年，完成既有居住建筑节能改造面积5亿平方米以上，公共建筑节能改造1亿平方米，全国城镇既有居住建筑中节能建筑所占比例超过60％"。上海市《绿色建筑"十三五"专项规划》提出"要完成既有公共建筑节能改造面积不低于1000万平方米，试点既有公共建筑绿色化改造，创建一批既有建筑绿色化改造示范工程"。

由于涉及指标计算，《细则》对既有建筑作如下界定：

（1）对正在编制或修编控制性详细规划的城区，既有建筑为规划中保留的现状建筑。

（2）对于无控制性详细规划修编计划的城区，既有建筑为城区启动绿色生态专业规划时的现状建筑。

目前有现行国家标准《既有建筑绿色改造评价标准》GB/T 51141、现行上海市工程建设规范《既有居住建筑节能改造技术规程》DG/TJ 08－2136和《既有公共建筑节能改造技术规程》DG/TJ 08－2137、《上海市既有建筑绿色更新改造评定实施细则（试行）》、《上海市既有建筑绿色更新改造使用技术目录》等，这些技术标准或文件为既有建筑的绿色改造、节能改造提供了技术支撑。因此，绿色生态城区内的既有建筑宜结合项目特点，积极执行国家、行业及上海市相关标准的规定，对既有建筑开展绿色改造。

绿色改造是指以节约能源、改善人居环境、提升使用功能等为目标，对既有建筑进行维护、更新、加固等活动。

$$绿色改造的建筑面积比例（\%）=\frac{绿色改造的建筑面积（m^2）}{改造建筑的面积（m^2）}×100\%$$

注：规划设计评价，分子、分母分别为计划绿色改造的建筑面积和计划改造的建筑面积；实施运管评价，分子、分母分别为实施绿色改造的建筑面积和实施改造的建筑面积。若既有建筑未列入计划或实施改造，则不纳入分母计算。

计划（实施）绿色改造的建筑是指符合《上海市既有建筑绿色更新改造评定实施细则（试行）》《上海市既有建筑绿色更新改造使用技术目录》等要求（获得既有建筑更新改造评定）的既有建筑，或符合现行国家标准《既有建筑绿色改造评价标准》GB/T 51141规定（获得既有建筑绿色改造评价认证的）的既有建筑。

【具体评价方式】

本条适用于规划设计、实施运管评价。对于不涉及改造建筑的城区，本条不参评。

规划设计评价查阅控制性详细规划、绿色建筑专项规划，审查既有建筑项目及绿色改造项目列表、绿色改造规划目标、绿色改造项目布局图、绿色改造计划等，并核实绿色改造的建筑面积比例。

实施运管评价查阅绿色建筑实施评估报告,审查改造建筑项目清单、绿色改造项目清单及改造效果评估等内容,并现场核查。

5.2.10 合理采用建筑工业化建造技术,发展装配式建筑,评价总分值为9分,并按下列规则分别评分并累计:

1 预制率达到45%(或装配率不低于65%)的装配式建筑面积占新建建筑面积的比例达到3%,得3分;达到5%,得5分。

2 具有两项以上的创新技术应用的装配式建筑面积占新建建筑面积的比例达到10%,得3分;达到20%,得4分。

【条文说明扩展】

根据现行国家标准《装配式建筑评价标准》GB/T 51129,装配式建筑是指由预制部品部件在工地装配而成的建筑。该类建筑可大大减少施工资源消耗,提高建造速度,同时受气候条件制约小,节约劳动力并可提高建筑质量,是实施绿色建筑的重要措施,应大力推广应用。

第1款,绿色生态城区在上海市强制的装配式建筑要求的基础上,进一步提高装配式建筑的要求,要求建筑单体预制率不低于45%或者装配率不低于65%的装配式建筑达到一定的比例。评价时,纳入分母计算的新建建筑范围同第5.2.8条。根据《关于进一步明确装配式建筑实施范围和相关工作要求的通知》(沪建建材〔2019〕97号)要求,新建民用建筑、工业建筑应全部按装配式建筑要求实施,需扣除以下范围的新建建筑:

(1)建设工程设计方案批复中地上总建筑面积不超过10 000m² 的公共建筑类、居住建筑类、工业建筑类项目,所有单体可不实施装配式建筑。

(2)高度100m以上(不含100m)的居住建筑,建筑单体预制率不低于15%或单体装配率不低于35%。对平屋面或坡度不大于45°的坡屋面房屋,房屋高度指室外地面到主要屋面板板顶的高度(不包括局部突出屋顶部分);对坡度大于45°的坡屋面房屋,房屋高度指室外地面到坡屋面的1/2高度处。

(3)建设项目中独立设置的构筑物、垃圾房、配套设备用房、门卫房等,可不实施装配式建筑。

(4)当居住建筑类项目中非居住功能的建筑,其地上建筑面积总和不超过10 000m²,且其与本项目地上总建筑面积之比不超过10%时,地上建筑面积不超过3 000m² 的售楼处、会所(活动中心)、商铺等独立配套建筑,可不实施装配式建筑。

(5)当工业建筑类项目中配套生活用房及配套研发楼等地上建筑面积总和不超过10 000m²,且其与本项目地上总建筑面积之比不超过7%时,地上建筑面积不超过3 000m² 的配套生活用房、配套研发楼等独立非生产用房,可不实施装配式建筑。

（6）技术条件特殊的建设项目，可申请调整预制率或装配率指标。

建筑单体预制率是指混凝土结构、钢结构、钢-混凝土混合结构、木结构等结构类型的装配式建筑在±0.000以上的主体结构和围护结构中预制构件部分的材料用量占对应构件材料总用量的比率。其中，预制构件包括以下类型：墙体（剪力墙、外挂墙板）、柱/斜撑、梁、楼板、楼梯、凸窗、空调板、阳台板、女儿墙。建筑单体装配率是指装配式建筑中预制构件、建筑部品的数量（或面积）占同类构件或商品总数量（或面积）的比率。建筑单体预制率和装配率计算方法详见《关于本市装配式建筑单体预制率和装配率计算细则（试行）的通知》（沪建建材〔2016〕601号）。

第2款要求具有两项以上的创新技术应用的装配式建筑达到一定的比例，创新技术应用的装配式建筑，是采用《上海市装配式建筑示范项目创新技术一览表》中提出的本市装配式建筑示范项目创新技术两项以上应用的装配式建筑。表5.2.10为上海市装配式建筑示范项目创新技术一览表。

表5.2.10 上海市装配式建筑示范项目创新技术一览表

序号	创新技术
1	采用减震、隔震技术的装配式结构体系或其他新型装配式混合结构体系
2	主体结构连接节点采用干法连接、组合型连接或其他便于施工且受力合理的新型连接技术
3	采用先张法高效预应力预制构件（同类型构件应用数量比例不低于50%）
4	住宅大空间可变房型设计或SI分离（结构与内装分离）体系的应用
5	土建、机电、装修一体化设计或太阳能板、外遮阳与外围护构件一体化设计
6	采用构造防水的外窗、保温、饰面一体化预制外墙（应用比例不低于立面面积的50%）
7	采用EPC设计、采购、施工一体化工程总承包模式，包括：设计—采购（E-P）总承包模式、采购—施工（P-C）总承包模式、设计—施工（D-B）总承包模式等
8	采用芯片管理技术（RFID）或二维码技术在构件生产、运输、安装、验收全过程进行信息化管理
9	在实施设计、施工准备、构件预制、施工实施和运维等阶段应周BIM技术（不少于3个阶段）
10	采用免拆模板体系或拆装快捷、重复利用率高的支撑、模板系统（应用比例不低于80%）
11	采用安全可靠的轻型机械自爬升升降平台体系或无外架的外防护体系
12	采用高效高精度测控一体化安装工艺
13	其他在管理模式、新体系、新技术、新材料、新工艺等方面的创新应用

【具体评价方式】

本条适用于规划设计和实施运管评价。

规划设计评价查阅绿色建筑专项规划，审查装配式建筑的比例要求、创新技术策略、相关规划布局及实施方案。

实施运管评价查阅绿色建筑实施评估报告，审查装配式建筑落实情况，并现场核查。

5.2.11 新建建筑实施土建与装修一体化设计与施工,外环内商品住宅全面实施全装修,其他地区的商品住宅实施全装修面积比例达到 50%,评价总分值为 6 分。全装修公共建筑面积占新建公共建筑面积比例达到 10%,得 4 分;达到 30%,得 6 分。

【条文说明扩展】

住房城乡建设部在 2002 年发布了《关于进一步加强住宅装饰装修管理的通知》,要求各地制定出台相关扶持政策,引导和鼓励新建商品住宅一次装修到位或采用菜单式装修模式,分步实施,逐步达到取消毛坯房、直接向消费者提供全装修成品房的目标。根据现行国家标准《装配式建筑评价标准》GB/T 51129,全装修是指建筑功能空间的固定面装修和设备设施安装全部完成,达到建筑使用功能和建筑性能的基本要求。全装修并不是简单的毛坯房加装修,全装修设计应该在建筑主体施工动工前进行,即装修与土建安装必须进行一体化设计。

本条纳入计算的新建建筑范围同第 5.2.8 条。

全装修商品住宅比例按下式计算:

$$全装修商品住宅比例(\%) = \frac{全装修商品住宅建筑面积(m^2)}{新建商品住宅建筑面积(m^2)} \times 100\%$$

全装修公共建筑比例按下式计算:

$$全装修公共建筑比例(\%) = \frac{全装修公共建筑面积(m^2)}{新建公共建筑面积(m^2)} \times 100\%$$

全装修商品住宅按照《上海市新建住宅全装修试点工程装修设计导则》《住宅室内装饰装修设计规范》《住宅精装修标准一体化实施细则》《上海市全装修住宅室内装修工程施工图设计文件编制深度规定》和《关于公布本市新建住宅菜单式全装修试点工程推荐装修材料(一)的通知》等文件要求进行装修;全装修公共建筑参照相关技术标准要求执行,全装修公共建筑要求所有部位全装修。

【具体评价方式】

本条适用于规划设计评价和实施运管评价。

规划设计评价查阅绿色建筑专项规划,审查全装修商品住宅和全装修公共建筑规划目标、规划布局以及相关规划方案等。

实施运管评价查阅绿色建筑实施评估报告,审查全装修建筑实施情况,并现场核查。

5.2.12 合理应用建筑信息模型(BIM)技术,评价总分值为 5 分,并按下列规则分别评分并累计:

1 建筑设计或施工阶段 BIM 技术应用率达到 80%,得 3 分。

2 建筑运营管理阶段 BIM 技术应用率达到 50%,得 2 分。

【条文说明扩展】

建筑信息模型(BIM)技术可实现对工程环境、能耗、经济、质量、安全等性能方面的分析、检查和模拟，为项目全过程的方案优化、科学决策、虚拟建造和协同提供技术支撑，为建设工程提质增效、节能环保创造条件，实现建筑业可持续发展。鼓励城区项目在建设和运营全生命周期的 BIM 技术应用。

根据现行国家标准《建筑信息模型应用统一标准》GB/T 51212，建筑信息模型（BIM）是指在建设工程及设施全生命期内，对其物理和功能特性进行数字化表达，并依此设计、施工、运营的过程和结果的总称。

BIM 技术应用模式根据阶段不同，一般分为两种：一是全生命期应用，方案设计、施工图设计、施工准备、施工实施、运维的全生命期 BIM 技术应用；二是阶段性应用，选择方案设计、施工图设计、施工准备、施工实施、运维的某一阶段或者部分阶段应用 BIM 技术。以上应用模式应当按照应用的需求，建立符合相应模型深度的建筑信息模型。

1. 设计阶段

是指在方案设计和施工图设计环节，建设单位应当建立 BIM 模型，根据项目实际和审批部门的要求，提供 BIM 设计模型，辅助方案设计和施工图审查审批。

（1）方案设计环节：本环节的 BIM 应用主要是利用 BIM 技术对项目的设计方案进行数字化仿真模拟表达以及对其可行性进行验证，对下一步深化工作进行推导和方案细化。利用 BIM 软件对建筑项目所处的场地环境进行必要的分析，如坡度、坡向、高程、纵横断面、填挖量、等高线、流域等，作为方案设计的依据。进一步利用 BIM 软件建立建筑模型，输入场地环境相应的信息，进而对建筑物的物理环境（如气候、风速、地表热辐射、采光、通风等）、出入口、人车流动、结构、节能排放等方面进行模拟分析，选择最优的工程设计方案。

（2）施工图设计环节：本环节主要通过施工图图纸及模型，表达建筑项目的设计意图和设计结果，并作为项目现场施工制作的依据。施工图设计环节的 BIM 应用是各专业模型构建并进行优化设计的复杂过程。各专业信息模型包括建筑、结构、给排水、暖通、电气等专业。在此基础上，根据专业设计、施工等知识框架体系，进行碰撞检测、三维管线综合、竖向净空优化等基本应用，完成对施工图阶段设计的多次优化。针对某些会影响净高要求的重点部位，进行具体分析并讨论，优化机电系统空间走向排布和净空高度。

2. 施工阶段

本阶段的 BIM 应用价值主要体现在施工深化设计、施工场地规划、施工方案模拟及构件预制加工等优化方面。本阶段的 BIM 应用对施工深化设计准确性、施工方案的虚拟展示以及预制构件的加工能力等方面起到关键作用。施工单位应结合施工工艺及现场管理需求对施工图设计阶段模型进行信息添加、更新和完善，以得到满足施工需求的施工作业模型。

3. 运营阶段

本阶段 BIM 应用是基于业主设施运营的核心需求，充分利用竣工交付模型，搭建智能运维管理平台并付诸具体实施。其主要工作和步骤是:运维管理方案策划、运维管理系统搭建、运维模型构建、运维数据自动化集成、运维系统维护。其中基于BIM的运维管理的主要功能模块主要包括空间管理、资产管理、设施设备维护管理、能源管理、应急管理。

BIM 技术应用率按下式计算:

$$BIM\ 技术应用率(\%) = \frac{应用\ BIM\ 技术的建筑总面积(m^2)}{城区新建建筑面积(m^2)} \times 100\%$$

注:多阶段应用 BIM 技术的建筑面积不可重复计算。

【具体评价方式】

本条适用于规划设计、实施运管评价。

规划设计评价查阅 BIM 应用专项规划或绿色建筑专项规划,审查 BIM 技术应用率指标和各阶段应用 BIM 技术应用方案等内容。

实施运管评价查阅绿色建筑实施评估报告、BIM 应用技术分析报告,并现场核查。

5.2.13 制订并实施绿色施工(节约型工地)计划,评价总分值 5 分。绿色施工(节约型工地)达标率达到 70%,得 3 分;达到 90%,得 5 分。

【条文说明扩展】

绿色施工(节约型工地)是指以建筑施工企业为主、围绕施工过程中开展的符合建筑节能、节地、节水、节材,建筑施工方案优化,建筑施工过程管理,建筑施工新技术、新工艺、新标准的开发以及科技进步、技术创新等内容要求的资源能源节约和循环利用。

上海市着力推动建筑施工企业实施"四节一环保"目标,开展绿色施工(节约型工地)创建活动,实现节约能源、水资源和材料资源等的目标。根据《上海市建设工程绿色施工(节约型工地)考核评审要求》文件,绿色施工(节约型工地)需满足必备条件,开展策划,明确目标,制定绿色施工(节约型工地)专项施工方案,其中专项施工方案需符合绿色施工节能、节水、节材、节地和环境保护等要求,同时按绿色施工(节约型工地)要求对施工过程实行动态管理,在现场入口处设有公示牌,按照"四节一环保"要求,有目标、分解指标、主要措施等内容,并符合要求。具体要求见表 5.2.13。

表 5.2.13　绿色施工（节约型工地）考核评审内容

序号	考核项目	考核内容	标准分	考核要求	得分
一	绿色施工（节约型工地）管理(18分)	1.严格执行国家、行业和本市有关法律、法规和关于禁止与限制使用的落后淘汰技术、工艺、产品、材料等规定；无发生较大安全及重大质量事故，无因施工扰民、"四节一环保"问题被曝光和处罚等		该项条款为创建节约型工地的必备条件。符合条件或基本符合条件的，为推荐绿色施工工程或通过达标工地评审的主要依据；如因违规或受行政处罚的，不予通过评审	以企业诚信考核记录与承诺证明为依据
		2.策划与目标。施工企业是责任主体，总承包单位总负责，项目经理是第一责任人，各专业施工单位负责其相应创建；负责建立各项体系和制度，明确责任，确立目标，指标分解，科学合理，并组织实施	6分	以施工节能、绿色施工为主线，在组织机构、管理制度、总体规划、企业目标等方面给予明确；工程项目分解指标清晰、齐全、不缺项，体现实际	
		3.绿色施工（节约型工地）专项施工方案。在施工组织设计中对绿色施工（节约型工地）独立成章，按管理要求编制节约型工地绿色施工的专项施工方案，并按有关规定进行审批	6分	以施组设计为依据，项目编制绿色施工（节约型工地）专项施工方案符合绿色施工"四节一环保"等要求，能体现科技进步、技术创新，内容详实、措施得当	
		4.预评估与过程管理。按绿色施工（节约型工地）要求对施工过程实行动态管理，按项目实际，合理划分阶段，并加强各阶段监控	4分	有绿色施工（节约型工地）分阶段自评和预评，有考核评估的意见，有整改，体现过程管理的成效	
		5.绿色施工（节约型工地）公示牌。内容符合要求	2分	现场入口处设有公示牌，按"四节一环保"要求，有目标、分解指标、主要措施等内容	

续表

序号	考核项目	考核内容	标准分	考核要求	得分
二	节能与能源利用（15分）	1.施工能耗控制指标。制定工程项目单位能耗指标（吨标准煤/万元），分别设定生产与施工、生活、办公三个区域的用能指标	4分	施工用能源，按施工、生活、办公区域设定，制定分区域控制的预分配系数，汇总计算正确	
		2.分路供电、分别计量与台账。施工、生活、办公分路供电、分区域设置、分别计量，建立台账	4分	工程项目按施工、生活、办公区域分路供电，有分路计量装置；有原始记录和月度台账，数据真实（提供佐证材料），定期核算、分析对比	
		3.优选高效节能，禁限淘汰落后设备。优先使用国家、行业推荐的节能、高效、环保的施工设备和机具；禁止耗能超标机械进入施工现场（建设部第659号《关于发布建设事业"十一五"推广应用和限制禁止使用技术公告》）	3分	选用功率与负载相匹配的节能施工机械设备，如变频技术、空载保护等；加强对施工设备和机具的管理、使用和维护；建立施工机械设备各项管理制度	
		4.大型机械设置与工地照明。合理设置大型施工机械设备，合理安排工序，使用能效比高的用能用电设备；合理配置各类用能设备、节能型灯具和施工照明器具	4分	按施工总平面布图，通过方案优化，合理设置大型施工机械，工序安排得当，体现降耗；采用节能型灯具和能效比高的用能设备；办公、生活和施工现场采用节能照明灯具，配置率大于90%，施工照明有控制措施	
三	节水与水资源利用（15分）	1.水资源控制指标。制定工程项目的水资源消耗指标（立方米自来水/万元），现场的施工和生活用水，按不同的工程项目，都应分别制定用水定额指标	4分	针对项目特点和地域情况，合理制定水资源消耗指标，制定分区域控制的施工、生活、办公预分配系数	
		2.分路供水、分别计量与台账。施工、生活、办公分路供水、分区域设置、分别计量，建立台账	4分	分路供水，有分路计量装置；有原始记录和月度台账，数据真实（提供佐证材料），定期核算、分析对比，有节约措施；对施工和生活用水按定额指标有计量考核	

续表

序号	考核项目	考核内容	标准分	考核要求	得分
三	节水与水资源利用（15分）	3.非传统水源利用。实行水资源分级利用，现场建立雨水、中水或再利用水的搜集利用系统和循环水的收集处理系统；制定有效的水质检测与保障措施，加大非传统水源的利用量	4分	施工区和生活区分别有再利用水源的收集系统、装置和计量；用于施工的非传统水有水质检测报告，非传统水源和循环水的再利用率（％）视施工现场情况制定，有计量依据	
		4.节水措施与设施配置。提高用水效率，现场供水管网布置合理，施工中采用节水施工工艺，现场喷洒路面，绿化浇灌不使用自来水，采用节水型产品	3分	根据用水量布置供水管网，管路简捷，无漏损；搅拌、养护用水采取有效措施，节约自来水有实效；采用节水型产品，配置率大于90％	
四	节材与材料资源利用（20分）	1.主要材料节约要点。一是材料管理按预算有清单；二是方案优化和技术措施及推广应用高强钢筋、高性能砼、清水砼、新型模板等；三是加强过程管理	3分	材料综合台账齐全，数据真实、正确；方案优化，新施工工艺、工法替代传统工艺效果明显；施工过程管理有措施，材料节约有实效	
		2.钢材节约措施。损耗率比定额损耗率降低30％以上；节约钢材，效果明显	4分	定额损耗率达标，方案优化有措施，余料利用有效果；优选使用高等级钢筋，采用直螺纹、电渣压力焊等钢筋连接技术等	
		3.木材节约措施。损耗率比定额损耗率降低30％以上；工程项目施工模板以节约木材为原则，使用新型模板体系；提倡使用接木机，短木方接长再利用有成效	4分	定额损耗率达标，鼓励使用钢模板和定型钢模；使用以竹代木、以塑代木、钢框模、竹夹模等新型模板体系；提高木模周转使用次数有依据；短木方接长再利用，有量化记录	
		4.混凝土节约措施。损耗率比定额损耗降低30％以上；使用高性能混凝土，合理利用粉煤灰、矿渣、外加剂等新材料	4分	定额损耗率达标，方案优化有措施，余料利用有效果；按规定有使用计划、使用量及台账，余料利用有记录	
		5.围挡材料重复利用。现场采用周转式活动房，现场围挡尽可能利用已有围墙或采用可重复利用围挡封闭	2分	力争工地用房、临时围挡材料的可重复使用率达到70％以上（提供计算依据）	
		6.材料分类管理。根据具体情况，可按结构材料、功能材料、围护材料、装饰装修材料、周转材料等进行分类和管理	3分	工程项目现场材料管理和使用，按不同材料性能分类管理，规范有序、有标识，并制定相应节约措施	

序号	考核项目	考核内容	标准分	考核要求	得分
五	节地与土地资源保护（8分）	1.执行黏土砖禁限规定。禁止和限制使用黏土制品,保护土地资源	2分	未使用实心黏土砖,按规定砖混结构使用多孔黏土砖有手续;框架填充不用多孔黏土砖	
		2.推广应用新型墙体材料。非黏土类新型墙体材料使用有成效	2分	使用混凝土小型空心砌块、粉煤灰加气砌块、砂加气砌块等新型墙体材料,有节土计算数据	
		3.施工用地保护。施工总平面布置及临时用地保护有措施	4分	施工总平面布置科学、合理,充分利用原有建筑物、道路、场地等,做好施工用地保护	
六	环境保护（12分）	1."声、光、尘"控制。按绿色施工环境保护技术要点,做好工地现场的噪声与振动、光污染、扬尘的控制	3分	在施工各阶段,有对尘、声、光等方面控制措施和相关监测记录与有关报告	
		2.污水、有毒有害物质处理及地下水土保护利用。对水污染的控制、处理、排放;对化学品等有毒材料、油料的储存地防漏防渗;对地下水环境的保护及措施	3分	污水排放达国标。现场有沉淀池、隔油池、化粪池等处理设施;化学品等有毒材料、油料的储存地有隔水防漏防渗措施;边坡支护考虑隔水,基坑降水视情利用和回灌	
		3.建筑垃圾减量化计划与再利用。制定建筑垃圾减量化预测计划,做好现场对建筑垃圾的分类和回收再利用的过程控制和对生活垃圾的管理	4分	有减量化计划,按一般、既有建筑物拆除、支撑拆除等分类,回收再利用有措施,回收再利用率（%）视实际情况分类制定,有量化数据;现场设置封闭式生活垃圾容器,实行袋装化	
		4.土壤及地下资源保护。保护地表环境和对周边各类地下管道、管线保护;施工现场对有毒有害废弃物的处理得当	2分	施工裸土及时覆盖或种植,无破坏地下管道、管线行为;油漆、涂料、电池、墨盒等回收处理有专项措施	

序号	考核项目	考核内容	标准分	考核要求	得分
七	科技进步与综合利用(12分)	1."十项新技术"。积极应用建设部推广的"十项新技术"	5分	使用"十项新技术"有明显效果	
		2."四新技术",成果转化与技改。科技成果实际应用,小改小革有成效	3分	有"四新技术",科研成果转化为现场应用;有技术革新取得节约效果	
		3.可再生能源利用。鼓励对太阳能光电、太阳能光热、风能、地源热泵等可再生能源的推广应用	2分	利用太阳能热水器;太阳能光电系统及其他清洁能源系统	
		4.综合利用。推广使用标准化、定型化、工具化设施及装置	2分	现场使用标准化、定型化、工具化设施及装置;标准化、定型化、工具化设施及装置配置率大于70%,有统计台账	

			栏目				得分率
实得分/标准分	一	二	三	四	五	六	七	
	/18	/15	/15	/20	/8	/12	/12	(实得分/标准分)×100% =

注:1 本考核标准分满分为100分,违反本考核标准第一条第1款的,不予通过评审。

2 实得分与标准得分之比,得分率≥60%,为绿色施工(节约型工地)达标工地。

3 实得分与标准得分之比,得分率≥85%,为绿色施工(节约型工地)工程推荐项目。

《上海市建设工程绿色施工(节约型工地)考核评审要求》中根据得分情况将绿色施工(节约型工地)分为达标工地和工程推荐项目两种。本条评价时,绿色施工(节约型工地)达标工地即可纳入分子计算,绿色施工(节约型工地)达标率计算公式如下:

$$绿色施工(节约型工地)达标率(\%)=\frac{绿色施工(节约型工地)达标工地量(个)}{项目总工程量(个)}\times100\%$$

【具体评价方式】

本条适用于实施运管评价。

实施运管评价查阅绿色建筑实施评估报告,审查绿色施工(节约型工地)达标工地数量、项目总工程量以及典型绿色施工(节约型工地)情况,并现场核实。

5.2.14 城区内建筑全部按照绿色建筑的相关要求进行运营管理,评价总分值为 8 分。绿色建筑运行标识比例达到 10%,得 4 分;达到 20%,得 8 分。

【条文说明扩展】

本条对城区内绿色建筑的运营管理提出要求,即所有建筑均应实现绿色运营管理。这是该条得分的前提条件。

现行国家标准《绿色建筑评价标准》GB/T 50378 要求绿色建筑评价应在建筑工程竣工后进行,在建筑工程施工图设计完成后,可进行预评价。这种情况下,可以用获得绿色建筑标识的建筑面积代替绿色建筑运行标识的建筑面积。比例按照下式计算:

$$绿色建筑标识比例(\%) = \frac{获得绿色建筑标识的建筑面积(m^2)}{竣工验收的建筑总面积(m^2)} \times 100\%$$

纳入上式分母计算的建筑为实施运管评价时竣工验收的建筑面积。

【具体评价方式】

本条适用于实施运管评价。

实施运管评价查阅绿色建筑实施评估报告、评价标识项目统计报表及绿色建筑评价标识证书等,审查竣工验收的建筑项目列表(含建筑面积、竣工验收时间、是否获得绿色建筑评价标识、评价标识获取时间)、绿色建筑评价标识比例等,并现场核查。

6　生态建设与环境保护

环境友好是绿色生态城区的基本特征之一,绿色生态城区应加强生态底线约束,改善大气、水、土壤、噪声环境,实现人、城市与自然和谐发展。"生态建设与环境保护"有 5 项控制项,10 项评分项。评分项分为生态建设和环境保护两个板块,分别有 4 条(45 分)和 6 条(55 分)。

6.1　控制项

6.1.1　应制定空气、水、土壤、噪声等环境质量控制指标和措施。

【条文说明扩展】

保护环境是绿色生态城区建设的基本要求。城区控制性详细规划或其他生态环境保护相关规划中应制定空气环境、水环境、土壤环境、声环境等环境保护目标及相关控制措施。空气环境质量控制指标包括年空气质量优良率、$PM_{2.5}$ 平均浓度达标天数等;水环境质量控制指标包括地表水环境质量功能区达标率等;土壤环境质量指标包括污染地块安全利用等;声环境质量控制指标包括环境噪声达标区覆盖率等。

环境质量控制措施包括工程性措施、管理性措施等。

环境保护工程性措施的内容主要分为五大类,具体体现在以下几方面:

(1)空气污染控制工程。空气污染来源于交通污染、工业污染与生活污染,这些污染源可通过颗粒污染物净化技术与气态污染物净化技术进行处理。

空气污染治理相关措施主要有:①改革能源结构,采用无污染能源(如太阳能、风力、水力)和低污染能源(如天然气、沼气、酒精);②对燃料进行预处理(如燃料脱硫、煤的液化和气化),以减少燃烧时产生污染大气的物质;③改进燃烧装置和燃烧技术(如改革炉灶、采用沸腾炉燃烧等),以提高燃烧效率和降低有害气体排放量;④采用无污染或低污染的工业生产工艺(如不用和少用易引起污染的原料,采用闭路循环工艺等);⑤节约能源和开展资源综合利用;⑥加强企业管理,减少事故性排放和逸散;⑦及时清理和妥善处置工业、生活和建筑废渣,减少地面扬尘;⑧发展植物净化,在居住区和工业区有计划、有选择地扩大绿地面积是空气污染综合防治具有长效能和多功能的有效措施。

(2)水污染控制工程。即是从技术与工程入手,通过科学合理利用水资源方法来预防与控制水污染,以提升水环境质量,满足不同需求与用途的用水工艺与工程措施。通常,废水处理均是按照当地污水体的功能与当地污染物总量,并结合实际排放量与浓度进行处理。

水环境质量控制措施主要有：①积极实施清淤，改善水环境，提高河道排洪效果。扩大蓄水容量。②搞活水体，加强管理。搞活水体不仅能够改善水质，降低河道污染物堆积量，减少河堤淤泥的沉积，还可以提升河流水体自净能力，是实现生态环境良性循环的科学措施。③生态护岸，截污控污。采用生态护岸，种植河岸植物，对其进行养护和管理，降低洪涝灾害对河岸的冲击和破坏。④雨污分流，提高污水处理效率。⑤加大河道治理与水环境保护的宣传力度。

（3）固体废物处理和处置工程。即采取有效措施来处理固体废物，控制城市垃圾、工业废渣排放量，对有毒有害固体废物进行处理，并加以综合利用。

（4）噪声污染控制工程。噪声污染防治措施主要从三方面进行控制：噪声源、传播途径和接受者。

（5）污染的综合防治技术。环境工程是一项复杂、涉及广泛的技术体系，研究与解决的问题不仅包括环境污染防治的技术措施，还包括自然资源的保护与综合利用，因此必须从资源、社会、生态以及经济出发，根据区域环境质量的要求，开发新的废物资源化技术，改善生产工艺，以确保社会、环境与经济三者协同统一，从而提升治理效果。

管理性措施主要参考环境管理制度，包括但不限于以下内容：

（1）环境规划制度。

（2）环境保护统一监督管理制度。

（3）环境标准制度。

（4）环境影响评价制度。

（5）环境保护责任制度。

（6）"三同时"制度。

（7）限期治理制度。

（8）排污许可证制度。

（9）公众参与制度。

【具体评价方式】

本条适用于规划设计、实施运管评价。

规划设计评价查阅控制性详细规划、生态环境保护相关规划、环境质量公报等文件，审查其中的环境质量控制目标和措施。

实施运管评价查阅生态环境保护相关规划、环境质量公报，并现场核查。

6.1.2 城区内主要地表水体不得有劣Ⅴ类水体。

【条文说明扩展】

主要地表水体指城区内相对比较重要的河道、湖泊等地表水体，至少为区级及以上级别的地表水体。劣Ⅴ类水体是指水质劣于现行国家标准《地表水环境质量标准》GB 3838 中Ⅴ类水质的水体。绿色生态城区应严格控制城区内地表水水质，主要地表水体不应有劣 V 类水体。

地表水监测断面优先选择现有市、区控制断面,且自动监测站优先。若城区内无现有监测断面,则应委托第三方有资质机构安排设点监测。监测项目为国家标准《地表水环境质量标准》GB 3838－2002 中列出的 24 项,见表 6.1.2-1;若涉及集中式生活饮用水地表水源地断面,则应按该标准要求中补充监测列出的 5 个项目,见表6.1.2-2。

表 6.1.2-1　地表水环境质量标准基本项目标准限值(mg/L)

序号	分类标准值项目	Ⅰ类	Ⅱ类	Ⅲ类	Ⅳ类	V类
1	水温(℃)	人为造成的环境水温变化应限制在:　周平均最大温升≤1　周平均最大温降≤2				
2	pH 值(无量纲)	6～9				
3	溶解氧　≥	饱和率90％　(或 7.5)	6	5	3	2
4	高锰酸盐指数　≤	2	4	6	10	15
5	化学需氧量(COD)　≤	15	15	20	30	40
6	五日生化需氧量(BOD$_5$)　≤	3	3	4	6	10
7	氨氮(NH$_3$-N)≤	0.15	0.5	1.0	1.5	2.0
8	总磷(以 P 计)≤	0.02　(湖、库 0.01)	0.1　(湖、库 0.025)	0.2　(湖、库 0.05)	0.3　(湖、库 0.1)	0.4　(湖、库 0.2)
9	总氮(湖、库,以 N 计)　≤	0.2	0.5	1.0	1.5	2.0
10	铜　≤	0.01	1.0	1.0	1.0	1.0
11	锌　≤	0.05	1.0	1.0	2.0	2.0
12	氟化物(以 F$^-$计)　≤	1.0	1.0	1.0	1.5	1.5
13	硒　≤	0.01	0.01	0.01	0.02	0.02
14	砷　≤	0.05	0.05	0.05	0.1	0.1
15	汞　≤	0.00005	0.00005	0.0001	0.001	0.001
16	镉　≤	0.001	0.005	0.005	0.005	0.01
17	铬(六价)　≤	0.01	0.05	0.05	0.05	0.1
18	铅　≤	0.01	0.01	0.05	0.05	0.1
19	氰化物　≤	0.005	0.05	0.2	0.2	0.2
20	挥发酚　≤	0.002	0.002	0.005	0.01	0.1

序号	分类标准值项目	Ⅰ类	Ⅱ类	Ⅲ类	Ⅳ类	Ⅴ类
21	石油类 ≤	0.05	0.05	0.05	0.5	1.0
22	阴离子表面活性剂 ≤	0.2	0.2	0.2	0.3	0.3
23	硫化物 ≤	0.05	0.1	0.2	0.5	1.0
24	粪大肠菌群(个/L) ≤	200	2000	10000	20000	40000

注:若后续出台新版标准,则以最新标准中的数据为准。

表 6.1.2-2　集中式生活饮用水地表水源地补充项目标准限值(mg/L)

序号	项目	标准值
1	硫酸盐(以 SO_4^{2-} 计)	250
2	氯化物(以 Cl^- 计)	250
3	硝酸盐(以 N 计)	10
4	铁	0.3
5	锰	0.1

注:若后续出台新版标准,则以最新标准中的数据为准。

水质监测应至少连续 6 个月,水质评价采用均值单因子法评价。地表水水质监测的采样布点、监测频率应符合现行行业标准《地表水和污水监测技术规范》HJ/T 91、《地表水自动监测技术规范(试行)》HJ 915 等相应地表水环境监测技术规范的要求。

【具体评价方式】

本条适用于规划设计、实施运管评价。若城区内无地表水体,则本条不参评。

评价时,若城区内无区级及以上级别的地表水体,则根据河道(湖泊)等级由高到低逐级优先选取,选取数量原则上每平方公里不少于一条河道或一个湖泊。

规划设计评价查阅城区上海市水功能区划、主要地表水体名录、生态环境保护相关规划,审查主要地表水体的水质类别目标、相关河道河长名单。

实施运管评价查阅主要地表水体名录及水质检测报告、相关河道河长名单,并现场核查。

6.1.3 新开发城区应雨污分流,或位于分流制地区的更新城区应无雨污混接,排水户污水全部纳管,且水质无超标。

【条文说明扩展】

雨污分流是一种排水体制,指将雨水和污水分开,各用一条管道输送,进行排放或后续处理的排水方式。雨污分流便于雨水收集利用和集中管理排放,降低水量对污水处理厂的影响,避免污水对河道、地下水造成污染,明显改善城市水环境,降低污水处理成本。对于新开发城区,本条要求必须实行雨污分流的排水体制。

上海市的建成区,有分流制排水和合流制排水两种模式。分流制排水系统即采用上述的雨污分流排水方式,而合流制排水系统则是雨水和污水共用一条管道,并在系统末端设置污水截流泵,将旱流污水和雨天一定量的合流污水输送至污水处理厂。上海市合流制排水系统和分流制排水系统的分布情况应根据《上海市城镇排水(雨水)防涝综合规划》的规定确定。分流制排水系统,由于建设时序、施工质量或管理疏漏等因素,会存在雨污混接现象,即雨水管道和污水管道的错接,其表现状态有多种形式,包括污水管道接入雨水管道,造成污水通过雨水管道直接排入水体,污染环境;也有雨水管道接入污水管道,影响污水管道输送能力,造成污水冒溢。

调查区域有下列现象之一,可预判有雨污混接可能:

(1)旱天时,雨水管内有水流动,且水质浑浊、有臭味。

(2)旱天时,雨水泵站集水井水位较高或雨水排放口有污水出流。

(3)雨天时,污水井水位比旱天水位明显升高,或产生冒溢现象。

(4)雨天时,污水泵站集水井水位较高。

(5)雨天时,污水管道流量明显增大。

(6)雨天时,污水管道 CODcr 浓度下游明显低于上游。

为避免水体污染并提高污水系统的效益,对于为分流制排水系统的更新城区,存在雨水混接时,应全面实行雨污混接改造。

根据《城镇排水与污水处理条例》,排水户是指向城镇排水设施排放污水的,从事工业、建筑、餐饮、医疗等活动的企业事业单位、个体工商户。本条要求不漏接污水、不乱排污水,所有排水户污水需纳入城镇排水设施,且纳管水质符合国家标准《污水排入城镇下水道水质标准》GB/T 31962－2015 中第 4.2.1 条污水排入城镇下水道水质控制项目限值的相关规定,见表 6.1.3。

表 6.1.3　污水排入城镇下水道水质控制项目限值

序号	控制项目名称	单位	A 级	B 级	C 级
1	水温	℃	40	40	40
2	色度	倍	64	64	64
3	易沉固体	mL/(L·15min)	10	10	10
4	悬浮物	mg/L	400	400	250
5	溶解性总固体	mg/L	1500	2000	2000
6	动植物油	mg/L	100	100	100
7	石油类	mg/L	15	15	10
8	pH	—	6.5～9.5	6.5～9.5	6.5～9.5
9	五日生化需氧量(BOD₅)	mg/L	350	350	150
10	化学需氧量(COD)	mg/L	500	500	300
11	氨氮(以 N 计)	mg/L	45	45	25
12	总氮(以 N 计)	mg/L	70	70	45

续表

序号	控制项目名称	单位	A 级	B 级	C 级
13	总磷（以 P 计）	mg/L	8	8	5
14	阴离子表面活性剂（LAS）	mg/L	20	20	10
15	总氰化物	mg/L	0.5	0.5	0.5
16	总余氯（以 Cl_2 计）	mg/L	8	8	8
17	硫化物	mg/L	1	1	1
18	氟化物	mg/L	20	20	20
19	氯化物	mg/L	500	800	800
20	硫酸盐	mg/L	400	600	600
21	总汞	mg/L	0.005	0.005	0.005
22	总镉	mg/L	0.05	0.05	0.05
23	总铬	mg/L	1.5	1.5	1.5
24	六价铬	mg/L	0.5	0.5	0.5
25	总砷	mg/L	0.3	0.3	0.3
26	总铅	mg/L	0.5	0.5	0.5
27	总镍	mg/L	1	1	1
28	总铍	mg/L	0.005	0.005	0.005
29	总银	mg/L	0.5	0.5	0.5
30	总硒	mg/L	0.5	0.5	0.5
31	总铜	mg/L	2	2	2
32	总锌	mg/L	5	5	5
33	总锰	mg/L	2	5	5
34	总铁	mg/L	5	10	10
35	挥发酚	mg/L	1	1	0.5
36	苯系物	mg/L	2.5	2.5	1
37	苯胺类	mg/L	5	5	2
38	硝基苯类	mg/L	5	5	3
39	甲醛	mg/L	5	5	2
40	三氯甲烷	mg/L	1	1	0.6
41	四氯化碳	mg/L	0.5	0.5	0.06
42	三氯乙烯	mg/L	1	1	0.6
43	四氯乙烯	mg/L	0.5	0.5	0.2
44	可吸附有机卤化物（AOX，以 Cl 计）	mg/L	8	8	5
45	有机磷农药（以 P 计）	mg/L	0.5	0.5	0.5
46	五氯酚	mg/L	5	5	5

注：若后续出台新版标准，则以最新标准中的数据为准。

【具体评价方式】

本条适用于规划设计、实施运管评价。

规划设计评价查阅控制性详细规划或雨水排水专业规划等相关规划、设计图纸等文件。

实施运管评价查阅城区内污水泵站的运行数据、雨水排口的排水监测数据和排水户排水监测井的水质监测数据等，并现场核查。

6.1.4 土壤和地下水环境质量应符合国家和本市现行相关标准的规定。

【条文说明扩展】

2016 年 6 月，上海市环境保护局、上海市规划和国土资源管理局印发《上海市经营性用地和工业用地全生命周期管理土壤环境保护管理办法》，其中规定，对于经营性用地和工业用地，在土地储备、出让、收回、续期前，土地使用权人（含土地储备机构）应组织完成土壤环境调查评估，并向环保部门申请。经认定存在污染并且需要治理修复的，应承担土壤环境修复的责任和费用，治理修复达到环保要求。2017 年 3 月 31 日，上海市人民政府办公厅转发市规划国土资源局制定的《关于加强本市经营性用地出让管理的若干规定》的通知，要求经营性用地出让前，相关单位应按照环保标准和规范要求完成土壤环境（含地下水）调查评估，确存在污染并需要治理修复的，应组织实施修复并达到环保要求。上海市环境保护局 2018 年 7 月发布了《关于执行〈土壤环境质量　建设用地土壤污染风险管控标准（试行）〉的通知》，规定 2018 年 8 月 1 日起，本市执行《土壤环境质量　建设用地土壤污染风险管控标准（试行）》。该标准根据保护对象暴露情况不同，将建设用地划分为两类：第一类用地包括居住用地（R）、公共管理与公共服务用地中的中小学用地（A33）、医疗卫生用地（A5）和社会福利设施用地（A6），以及公园绿地（G1）中的社区公园或儿童公园用地等；第二类用地包括工业用地（M）、物流仓储用地（W）、商业服务业设施用地（B）、道路与交通设施用地（S）、公用设施用地（U）、公共管理与公共服务用地（A）（A33、A5、A6 除外）以及绿地与广场用地（G）（G1 中的社区公园或儿童公园用地除外）等。建设用地土壤污染风险筛选值和管制值应符合国家标准《土壤环境质量　建设用地土壤污染风险管控标准（试行）》GB 36600—2018 的规定，见表 6.1.4。

表 6.1.4　建设用地土壤污染风险筛选值和管制值（基本项目）（mg/kg）

序号	污染物项目	CAS 编号	筛选值		管制值	
			第一类用地	第二类用地	第一类用地	第二类用地
重金属和无机物						
1	砷	7440-38-2	20	60	120	140
2	镉	7440-43-9	20	65	47	172
3	铬（六价）	18540-29-9	3.0	5.7	30	78

续表

序号	污染物项目	CAS 编号	筛选值		管制值	
			第一类用地	第二类用地	第一类用地	第二类用地
4	铜	7440-50-8	2000	18000	8000	36000
5	铅	7439-92-1	400	800	800	2500
6	汞	7439-97-6	8	38	33	82
7	镍	7440-02-0	150	900	600	2000
挥发性有机物						
8	四氯化碳	56-23-5	0.9	2.8	9	36
9	氯仿	67-66-3	0.3	0.9	5	10
10	氯甲烷	74-87-3	12	37	21	120
11	1,1-二氯乙烷	75-34-3	3	9	20	100
12	1,2-二氯乙烷	107-06-2	0.52	5	6	21
13	1,1-二氯乙烯	75-35-4	12	66	40	200
14	顺-1,2-二氯乙烯	156-59-2	66	596	200	2000
15	反-1,2-二氯乙烯	156-60-5	10	54	31	163
16	二氯甲烷	75-09-2	94	616	300	2000
17	1,2-二氯丙烷	78-87-5	1	5	5	47
18	1,1,1,2-四氯乙烷	630-20-6	2.6	10	26	100
19	1,1,2,2-四氯乙烷	79-34-5	1.6	6.8	14	50
20	四氯乙烯	127-18-4	11	53	34	183
21	1,1,1-三氯乙烷	71-55-6	701	840	840	840
22	1,1,2-三氯乙烷	79-00-5	0.6	2.8	5	15
23	三氯乙烯	79-01-6	0.7	2.8	7	20
24	1,2,3-三氯丙烷	96-18-4	0.05	0.5	0.5	5
25	氯乙烯	75-01-4	0.12	0.43	1.2	4.3
26	苯	71-43-2	1	4	10	40
27	氯苯	108-90-7	68	270	200	1000
28	1,2-二氯苯	95-50-1	560	560	560	560
29	1,4-二氯苯	106-46-7	5.6	20	56	200
30	乙苯	100-41-4	7.2	28	72	280
31	苯乙烯	100-42-5	1290	1290	1290	1290
32	甲苯	108-88-3	1200	1200	1200	1200
33	间二甲苯＋对二甲苯	108-38-3,106-42-3	163	570	500	570
34	邻二甲苯	95-47-6	222	640	640	640

序号	污染物项目	CAS 编号	筛选值		管制值	
			第一类用地	第二类用地	第一类用地	第二类用地
半挥发性有机物						
35	硝基苯	98-95-3	34	76	190	760
36	苯胺	62-53-3	92	260	211	663
37	2-氯酚	95-57-8	250	2256	500	4500
38	苯并[a]蒽	56-55-3	5.5	15	55	151
39	苯并[a]芘	50-32-8	0.55	1.5	5.5	15
40	苯并[b]荧蒽	205-99-2	5.5	15	55	151
41	苯并[k]荧蒽	207-08-9	55	151	550	1500
42	䓛	218-01-9	490	1293	4900	12900
43	二苯并[a,h]蒽	53-70-3	0.55	1.5	5.5	15
44	茚并[1,2,3-cd]芘	193-39-5	5.5	15	55	151
45	萘	91-20-3	25	70	255	700

注:1 具体地块土壤中污染物检测含量超过筛选值,但等于或者低于土壤环境背景水平的,不纳入污染地块管理。土壤环境背景值可见《土壤环境质量 建设用地土壤污染风险管控标准(试行)》GB 36600－2018 附录 A.

2 若后续出台新版标准,则以最新标准中的数据为准。

《土壤环境质量 建设用地土壤污染风险管控标准(试行)》GB 36600－2018 规定了土壤污染风险筛选值和管制值的使用:

5.3.1 建设用地规划用途为第一类用地的,适用于表 1 和表 2 中第一类用地的筛选值和管制值;规划用途为第二类用地的,适用于表 1 和表 2 中第二类用地的筛选值和管制值。规划用途不明确的,适用于表 1 和表 2 中第一类用地的筛选值和管制值。

5.3.2 建设用地土壤污染物含量等于或低于风险筛选值的,建设用地土壤污染风险一般情况下可以忽略。

5.3.3 通过初步调查确定建设用地土壤中污染物含量高于风险筛选值,应当依据 HJ25.1、HJ25.2 等标准及相关技术要求,开展详细调查。

5.3.4 通过详细调查确定建设用地土壤中污染物含量等于或低于风险管制值,应当依据 HJ25.1、HJ25.2 等标准及相关技术要求,开展风险评估,确定风险水平,判断是否需要采取风险管控或修复措施。

5.3.5 通过详细调查确定建设用地土壤中污染物含量高于风险管制值,对人体健康通常存在不可接受风险,应当采取风险管控或修复措施。

5.3.6 建设用地若采取修复措施,其修复目标应当依据 HJ25.1、HJ25.2 等标准及相关技术要求,开展风险评估,确定风险水平,判断是否需要采取风险管控或修复措施。

6.1 建设用地土壤环境调查与监测按 HJ25.1、HJ25.2 及相关技术规定要求执行。

地下水环境质量应符合现行国家标准《地下水质量标准》GB/T 14848 的规定。依据各组分含量高低(pH除外),分为五类:

Ⅰ类:地下水化学组分含量低,适用于各种用途;

Ⅱ类:地下水化学组分含量较低,适用于各种用途;

Ⅲ类:地下水化学组分含量中等,以现行国家标准《生活饮用水卫生标准》GB 5749为依据,主要适用于集中式生活饮用水水源及工农业用水;

Ⅳ类:地下水化学组分含量较高,以农业和工业用水质量要求以及一定水平的人体健康风险为依据,适用于农业和部分工业用水,适当处理可作生活饮用水;

Ⅴ类:地下水化学组分含量高,不宜作为生活饮用水水源,其他用水可根据使用目的选用。

各类地下水的质量指标应符合现行国家标准《地下水质量标准》GB/T 14848 的相关要求。

场地内土壤和地下水环境质量除了符合上述标准的规定外,不得有土壤、地下水污染违法事件发生。

【具体评价方式】

本条适用于规划设计、实施运管评价。

评价时,一年内不能出现土壤、地下水污染违法事件。

规划设计评价查阅场地土壤和地下水环境质量调查报告等,审查相关指标的监测数据并核实达标情况。

实施运管评价查阅场地土壤、地下水环境质量评价报告,以及一年内环境污染违法事件执法记录等文件,并现场核查。

6.1.5 生活垃圾无害化处理率应达到100%。

【条文说明扩展】

根据现行行业标准《环境工程名词术语》HJ 2016,生活垃圾是指在日常生活中或者为日常生活提供服务的活动中产生的固体废弃物以及法律、行政法规规定被视为生活垃圾的固体废弃物。

生活垃圾无害化处理是指在处理生活垃圾过程中采用先进的工艺和科学的技术,降低垃圾及其衍生物对环境的影响,减少废物排放,做到资源回收利用的过程。

生活垃圾无害化处理方法主要有卫生填埋、焚烧、堆肥等。卫生填埋、焚烧、堆肥以及经分选、消毒、加工利用的生活垃圾量,均计算为生活垃圾无害化处理量。生活垃圾填埋场垃圾渗滤液排放必须满足现行国家标准《生活垃圾填埋场污染控制标准》GB 16889 所规定的排放限值和排放要求,不达标的不得认定为无害化处理。卫生填埋场、焚烧厂、垃圾堆肥厂建设和各项污染物排放浓度必须满足现行国家标准《生活垃圾卫生填埋处理技术规范》GB 50869、《生活垃圾填埋场污染控制标准》GB 16889、《生活垃圾焚烧污染控制标准》GB 18485 和垃圾堆肥的有关标准要求。不满足要求的,不得认定为无害化处理。

按照垃圾的处理场所,生活垃圾无害化处理可以是城区内处理,也可是收集送至城区外处理,但是无论城区内还是城区外处理,生活垃圾的无害化处理均应符合上位环卫设施规划、国家及地方生活垃圾处理相关政策要求。要求卫生填埋场、焚烧厂、垃圾堆肥厂建设和各项污染物浓度必须满足《生活垃圾处理及污染防治技术政策》和现行国家标准《生活垃圾卫生填埋处理技术规范》GB 50869、《生活垃圾填埋场污染控制标准》GB 16889、《生活垃圾焚烧污染控制标准》GB 18485 及现行行业标准《生活垃圾堆肥处理技术规范》CJJ 52、《生活垃圾堆肥厂评价标准》CJJ/T 172 的有关标准要求。生活垃圾填埋场应自行处理生活垃圾渗滤液并执行《生活垃圾填埋场污染控制标准》GB 16889－2008 表 2 和表 3 规定的水污染排放浓度限值,见表 6.1.5-1 和表 6.1.5-2。

表 6.1.5-1　现有和新建生活垃圾填埋场水污染物排放浓度限值

序号	控制污染物	排放浓度限值	污染物排放监控位置
1	色度(稀释倍数)	40	常规污水处理设施排放口
2	化学需氧量(COD_{Cr})(mg/L)	100	常规污水处理设施排放口
3	生化需氧量(BOD_5)(mg/L)	30	常规污水处理设施排放口
4	悬浮物(mg/L)	30	常规污水处理设施排放口
5	总氮(mg/L)	40	常规污水处理设施排放口
6	氨氮(mg/L)	25	常规污水处理设施排放口
7	总磷(mg/L)	3	常规污水处理设施排放口
8	粪大肠菌群数(个/L)	10000	常规污水处理设施排放口
9	总汞(mg/L)	0.001	常规污水处理设施排放口
10	总镉(mg/L)	0.01	常规污水处理设施排放口
11	总铬(mg/L)	0.1	常规污水处理设施排放口
12	六价铬(mg/L)	0.05	常规污水处理设施排放口
13	总砷(mg/L)	0.1	常规污水处理设施排放口
14	总铅(mg/L)	0.1	常规污水处理设施排放口

注:若后续出台新版标准,则以最新标准中的数据为准。

表 6.1.5-2 现有和新建生活垃圾填埋场水污染物特别排放限值

序号	控制污染物	排放浓度限值	污染物排放监控位置
1	色度(稀释倍数)	30	常规污水处理设施排放口
2	化学需氧量(COD_{Cr})(mg/L)	60	常规污水处理设施排放口
3	生化需氧量(BOD_5)(mg/L)	20	常规污水处理设施排放口
4	悬浮物(mg/L)	30	常规污水处理设施排放口
5	总氮(mg/L)	20	常规污水处理设施排放口
6	氨氮(mg/L)	8	常规污水处理设施排放口
7	总磷(mg/L)	1.5	常规污水处理设施排放口
8	粪大肠菌群数(个/L)	10000	常规污水处理设施排放口
9	总汞(mg/L)	0.001	常规污水处理设施排放口
10	总镉(mg/L)	0.01	常规污水处理设施排放口
11	总铬(mg/L)	0.1	常规污水处理设施排放口
12	六价铬(mg/L)	0.05	常规污水处理设施排放口
13	总砷(mg/L)	0.1	常规污水处理设施排放口
14	总铅(mg/L)	0.1	常规污水处理设施排放口

注:若后续出台新版标准,则以最新标准中的数据为准。

根据《中国统计年鉴 2017》,生活垃圾无害化处理率是指生活垃圾无害化处理量与生活垃圾产生量的比率。在统计上,由于生活垃圾的产生量不易取得,可用清运量代替。生活垃圾清运量是指收集和运送到各生活垃圾处理厂(场)和生活垃圾最终消纳点的生活垃圾数量。计算公式为

$$生活垃圾无害化处理率(\%)=\frac{生活垃圾无害化处理量(t)}{生活垃圾产生总量(t)}\times100\%$$

【具体评价方式】

本条适用于规划设计、实施运管评价。

规划设计评价查阅环卫设施规划、生活垃圾综合处理方案,审查有关无害化处理内容。

实施运管评价查阅生活垃圾综合处理方案、生活垃圾收运和处置台账、生活垃圾物流信息监控平台有关垃圾处理相关数据以及垃圾处理委托协议等,并现场核查。生活垃圾收运、处理台账或生活垃圾信息化监控平台应包含所处置生活垃圾的来源、种类、数量和去向等信息。

6.2 评分项

Ⅰ 生态建设

6.2.1 种植适应当地气候和土壤条件的植物,避免外来植物入侵影响本地生物多样性,评价总分值为 10 分。本地木本植物指数达到 0.7,得 5 分;达到 0.8,得 8 分;达到 0.9,得 10 分。

【条文说明扩展】

　　木本植物是指根和茎因增粗生长形成大量的木质部,而细胞壁也多数木质化的坚固的植物。植物体木质部发达,茎坚硬,多年生。与草本植物相对,人们常将前者称为树,后者称为草。木本植物依形态不同,分乔木、灌木和半灌木三类。

　　根据国家标准《城市园林绿化评价标准》GB/T 50563—2010,本地木本植物是指原有天然分布或长期生长于本地,适应本地自然条件并融入本地自然生态系统,对本地区原生生物物种和生物环境不产生威胁的木本植物。

　　本地木本植物包括:①在本地自然生长的野生木本植物种及其衍生品种;②归化种(非本地原生,但已逸生)及其衍生品种;③驯化种(非本地原生,但在本地正常生长,并且完成其生活史的植物种类)及其衍生品种。不包括标本园、种质资源圃、科研引种试验的木本植物种类。

　　纳入本地木本植物种类统计的每种本地植物应符合在建成区每种种植数量不应小于 50 株的群体要求。

　　《城市园林绿化评价标准》GB/T 50563—2010 中第 4.2.33 条规定,本地木本植物指数计算公式如下:

$$本地木本植物指数 = \frac{本地木本植物种数(种)}{木本植物种总数(种)}$$

　　其中,本地木本植物物种数(种)包括乡土种(衍生品种)、归化种和驯化种。

【具体评价方式】

　　本条适用于规划设计、实施运管评价。本条评价范围为公园绿地、防护绿地、广场绿地和公共设施内的附属绿地,不包含居住用地内附属绿地。

　　规划设计评价查阅绿色生态专业规划、绿化专项规划等相关规划设计文件,审查本地木本植物指数和相关方案。

　　实施运管评价查阅公园绿地、防护绿地、广场绿地和公共设施内的附属绿地的苗木表、本地木本植物指数计算书,并现场核查。

6.2.2 合理选择绿化形式,科学配置绿化植物,评价总分值为 12 分,并按下列规则分别评分并累计:

    1 高度不超过 50m 的新建公共建筑及改、扩建的既有公共建筑全部进行屋顶绿化,且屋顶绿化面积比例达到 30%,得 4 分。

    2 具有可绿化条件的市政公用设施立面垂直绿化项目数量比例达到 60%,得 2 分。

    3 建筑墙面(不含住宅)垂直绿化项目数量比例达到 5%,得 2 分。

    4 地面绿化覆盖面积中乔灌木占比达到 70%,得 4 分。

【条文说明扩展】

    绿化是城市环境建设的重要内容,鼓励各类建筑物、构筑物进行垂直绿化和屋顶绿化,既能增加绿化面积,提高空间利用率,使有限的空间发挥更大的生态效益和景观效益,还可以改善屋顶、墙面等的保温隔热效果,有效截留雨水。大面积的草坪不但维护成本极高,其生态效益也远小于灌木、乔木。因此,合理搭配乔木、灌木和草坪,以乔木为主,也有利于增加城区绿量。

    本条第 1 款的评价对象为:新建公共建筑以及改、扩建的既有公共建筑,高度不超过 50m,屋顶为平屋顶或屋面坡度小于 15° 的坡屋顶。城区应结合自身条件,合理选用花园式、草坪式、组合式等多种形式的屋顶绿化。计算方法为

$$屋顶绿化面积比例(\%) = \frac{屋顶绿化面积(m^2)}{建筑占地面积(m^2)} \times 100\%$$

    其中,屋顶绿化面积指屋顶绿化覆盖面积。

    根据《上海市绿化条例》,本条第 2 款纳入评价的市政公用设施主要包括新建快速路、轨道交通、立交桥、过街天桥的桥柱和声屏障,以及道路护栏(隔离栏)、挡土墙、防汛墙、垃圾箱房等市政公用设施。

    根据现行上海市工程建设规范《立体绿化技术规程》DG/TJ 08-75,垂直绿化是指在具有一定垂直高度的立面或特定隔离设施上,以植物材料为主体营建的一种立体绿化形式。

    垂直绿化常见造景形式有墙面绿化、廊架绿化、立柱绿化、围栏绿化以及山石、驳岸绿化等。

    计算方法为

市政公用设施立面垂直绿化项目数量比例(%)

$$= \frac{市政公用设施立面垂直绿化项目数量(个)}{市政公用设施项目总数(个)} \times 100\%$$

    若某些项目不具备可绿化条件,可出具项目不具备绿化条件的证明报告,并不纳入计算。

    本条第 3 款参考《上海市建筑节能和绿色建筑示范项目专项扶持办法》(沪建建

材联〔2016〕432),本条要求建筑墙面垂直绿化项目中一般墙面绿化覆盖面积1000m²以上,特殊墙面绿化覆盖面积500m²以上(中环内重点区域特殊墙面绿化覆盖面积200m²以上)。

计算方法为

建筑墙面(不含住宅)垂直绿化项目数量比例(%)

$$=\frac{建筑墙面(不含住宅)垂直绿化项目数量(个)}{建筑项目(不含住宅)总数(个)}\times 100\%$$

本条第4款的计算方法为

$$地面绿化覆盖面积中乔灌木占比(\%)=\frac{乔灌木投影面积(m^2)}{所有植被的投影面积(m^2)}\times 100\%$$

【具体评价方式】

本条第1~3款适用于规划设计、实施运管评价;第4款适用于实施运管评价。

规划设计评价查阅绿色生态专业规划、绿化专项规划、相关计算书等文件,审查其中屋顶绿化、市政公用设施立面垂直绿化、建筑墙面(不含住宅)垂直绿化和地面绿化等规划内容及相关指标。

实施运管评价查阅相关计算报告书,并现场核查。

6.2.3 合理规划节约型绿地,评价总分值为 8 分,并按下列规则分别评分并累计:

1 制定相关的鼓励政策、技术措施和实施办法,得 2 分。

2 新开发城区节约型绿地比例达到 60%,得 3 分;达到 80%,得 6 分;或更新城区节约型绿地比例达到 60%,得 6 分。

【条文说明扩展】

根据国家标准《城市园林绿化评价标准》GB/T 50563—2010,节约型绿地是指依据自然和社会资源循环与合理利用的原则进行规划设计和建设管理,具有较高的资源使用效率和较少的资源消耗的绿地。

公园绿地、防护绿地中采用以下技术之一,并达到相关标准的均可称为应用节约型绿地技术:

(1)采用微喷、滴灌、渗灌和其他节水技术的灌溉面积大于等于总灌溉面积的80%。

(2)采用透水材料和透水结构铺装面积超过铺装总面积的50%。

(3)设置有雨洪利用措施。

(4)采用再生水或自然水等非传统水源进行灌溉和造景,其年用水量大于等于总灌溉和造景年用水量的80%。

(5)对植物因自然生长或养护要求而产生的枝、叶等废弃物单独或区域性集中处理,生产肥料或作为生物质进行材料利用或能源利用。

(6)利用风能、太阳能、水能、浅层地热能、生物质能等非化石能源,其能源消耗量大于等于能源消耗总量的 25%。

（7）保护并合理利用了被相关专业部门认定为具有较高景观、生态、历史、文化价值的建构筑物、地形、水体、植被以及其他自然、历史文化遗址等基址资源。

节约型绿地比例按下式计算：

节约型绿地比例（%）

$$= \frac{\text{应用节约型绿地技术的公园绿地和道路及铁路防护绿地面积之和（hm}^2\text{）}}{\text{公园绿地和道路及铁路防护绿地总面积（hm}^2\text{）}} \times 100\%$$

行业标准《城市绿地分类标准》CJJ/T 85—2017 中无"道路绿地"之说，因此上式中不用道路绿地而直接用"道路及铁路防护绿地"。

采用了节约型绿地技术的公园绿地或者防护绿地，在计算时可将整个公园绿地或防护绿地面积都计算进来。

【具体评价方式】

本条适用于规划设计、实施运管评价。

规划设计评价查阅城区绿色生态专业规划、绿化专项规划、节约型绿地相关鼓励政策，审查其中节约型绿地规划方案、管理办法等。

实施运管评价查阅节约型绿地竣工图纸、节约型绿地的运营维护措施及相关评估报告、节约型绿地计算书，并现场核查。节约型绿地计算书需包含各个公园绿地和防护绿地的名称、面积，是否采用节约型绿地技术措施，采用的类型、节约型绿地面积等。

6.2.4 合理采用低影响开发模式，设置绿色雨水基础设施，并构建包括源头减排、排水管渠、排涝除险和应急管理的城镇内涝防治系统，建设海绵城市。评价总分值为 15 分，并按下列规则分别评分并累计：

1 采用低影响开发模式，合理设置绿色雨水基础设施，得 5 分。

2 新开发城区年径流总量控制率达到 75%，得 4 分。

3 源头减排、排水管渠、排涝除险、应急管理设施设计标准不低于现行国家标准《室外排水设计规范》GB 50014 和《城镇内涝防治技术规范》GB 51222 的规定，得 6 分。

【条文说明扩展】

海绵城市是指通过城市规划、建设的管控，综合采取"渗、滞、蓄、净、用、排"等技术措施，有效控制城市降雨径流，最大限度地减少城市开发建设行为对原有自然水文特征和水生态环境造成的破坏，使城市能够像海绵一样，在适应环境变化、抵御自然灾害等方面具有良好的"弹性"，实现自然积存、自然渗透、自然净化的城市发展方式。海绵城市建设应统筹源头减排系统、排水管渠系统和排涝除险系统，其中源头减排系统，又称低影响开发雨水系统，强调城镇开发应减少对环境的冲击，其核心是基于源头控制和延缓冲击负荷的理念，构建与自然相适应的城镇排水系统，合理利用景观空间和采取相应措施对暴雨径流进行控制,减少城镇面源污染,可以通过对雨水的渗透、储存、调节、转输与截污净化等功能,有效控制径流总量、径流峰值和径流污染。绿色生态城区要求制定海绵城市专项规划或实施方案。

本条第1款是对低影响开发方案的要求。绿色生态城区专业规划中应包含低影响开发方案,并在控制性详细规划中落实低影响开发目标及措施的相关内容。绿色雨水基础设施作为项目建设的组成部分,应同时设计、同时施工、同时投入使用。相关的总平面规划设计、园林景观设计、建筑设计、给水排水设计、管线综合设计等应密切配合,相互协调。绿色雨水基础设施的设置应符合《上海市海绵城市专项规划(2016－2035年)》的相关要求。

本条第2款对新开发城区的年径流总量控制率提出了要求。年径流总量控制率是根据多年日降雨量统计数据分析计算,通过自然和人工强化的入渗、滞留、调蓄和收集回用,场地内累计全年得到控制(不排入规划区域外)的雨水量占全年总降雨量的比例。根据《上海市海绵城市专项规划(2016－2035年)》,各区域的年径流总量控制目标,应综合考虑区域海绵城市相关规划和现状、开发强度与建设阶段等因素确定,取值范围应为70%～75%。年径流污染控制率应结合区域(项目)内建设情况、用地性质、水环境质量要求、径流污染特征等合理确定。新、改建区域(项目)年径流污染控制率目标应分别不低于55%和50%。

年径流总量控制率的评价方法应根据国家标准《海绵城市建设评价标准》GB/T 51345－2018的相关规定执行。

5.1.1　年径流总量控制率及径流体积控制应采用设施径流体积控制规模核算、监测、模型模拟与现场检查相结合的方法进行评价。

5.1.2　设施径流体积控制规模核算应符合下列规定:

1　应依据年径流总量控制率所对应的设计降雨量及汇水面积,采用"容积法"计算得到渗透、滞蓄、净化设施所需控制的径流体积,现场实际检查各项设施的径流体积控制规模应达到设计要求。

2　渗透、渗滤及滞蓄设施的径流体积控制规模应按下列公式计算:

$$V_{in} = V_s + W_{in} \tag{5.1.2-1}$$

$$W_{in} = KJAt_s \tag{5.1.2-2}$$

式中:V_{in}——渗透、渗滤及滞蓄设施的径流体积控制规模,m^3;

$\quad V_s$——设施有效滞蓄容积,m^3;

$\quad W_{in}$——渗透与渗滤设施降雨过程中的入渗量,m^3;

$\quad K$——土壤或人工介质的饱和渗透系数,m/h。根据设施滞蓄空间的有效蓄水深度和设计排空时间计算确定,由种植土的土壤类型或土壤介质构成决定,不同类型土壤的渗透系数可按现行国家标准《建筑与小区雨水控制及利用工程技术规范》GB 50400的规定取值;

$\quad J$——水力坡度。一般取1;

A——有效渗透面积，m^2；

t_s——降雨过程中的入渗历时，h。为当地多年平均场降雨历时，资料缺乏时，可根据平均场降雨历时特点取 2h～12h。

3 延时调节设施的径流体积控制规模按下列公式计算：

$$V_{ed} = V_s + W_{ed} \qquad (5.1.2\text{-}3)$$

$$W_{ed} = (V_s / T_d) t_p \qquad (5.1.2\text{-}4)$$

式中：V_{ed}——延时调节设施的径流体积控制规模，m^3；

W_{ed}——延时调节设施降雨过程中的排放量，m^3；

T_d——设计排空时间，h。根据设计 SS 去除能力所需停留时间确定；

t_p——降雨过程中的排放历时，h。为当地多年平均场降雨历时，资料缺乏时，可根据平均场降雨历时特点取 2h～12h。

5.1.3 项目实际年径流总量控制率评价应符合下列规定：

1 应现场检查各项设施实际的径流体积控制规模，核算其所对应控制的降雨量，通过查阅"年径流总量控制率与设计降雨量关系曲线图"得到实际的年径流总量控制率。

2 应将各设施、无设施控制的各下垫面的年径流总量控制率，按包括设施自身面积在内的设施汇水面积、无设施控制的下垫面的占地面积加权平均，得到项目实际年径流总量控制率。

3 对无设施控制的不透水下垫面，其年径流总量控制率应为零。

4 对无设施控制的透水下垫面，应按设计降雨量为其初损后损值（即植物截留、洼蓄量、降雨过程中入渗量之和）获取年径流总量控制率，或按下式估算其年径流总量控制率。

$$\alpha = (1 - \phi) \times 100\% \qquad (5.1.3)$$

式中：α——年径流总量控制率，％；

ϕ——径流系数。

5.1.4 监测项目的年径流总量控制率可按下列方法进行评价：

1 应现场检查各设施通过"渗、滞、蓄、净、用"，达到径流体积控制的设计要求后溢流排放的效果。

2 在监测项目接入市政管网的溢流排水口或检查井处，应连续自动监测至少 1 个雨季或 1 个汛期，获得"时间-流量"序列监测数据。

3 应筛选至少 2 场降雨量与项目设计降雨量下浮不超过 10％，且与前一场降雨的降雨间隔大于设施设计排空时间的实际降雨，接入市政管网的溢流排水口或检查井处无排泄流量，或排泄流量应为经设施渗滤、沉淀净化处理后的排泄流量，可判定项目达到设计要求。

5.1.5 排水分区年径流总量控制率评价应符合下列规定：

1 应采用模型模拟法进行评价，模拟计算排水分区的年径流总量控制率。

2 模型应具有地面产汇流、管道汇流、源头减排设施等模拟功能。

3 模型建模应具有源头减排设施参数、管网拓扑与管渠缺陷、下垫面、地形，以及至少近 10 年的步长为 1min 或 5min 或 1h 的连续降雨监测数据。

4　模型参数的率定与验证,应选择至少 1 个典型的排水分区,在市政管网末端排放口及上游关键节点处设置流量计,与分区内的监测项目同步进行连续自动监测,获取至少 1 年的市政管网排放口"时间-流量"或泵站前池"时间-水位"序列监测数据。各筛选至少 2 场最大 1h 降雨量接近雨水管渠设计重现期标准的降雨下的监测数据分别进行模型参数率定和验证。模型参数率定与验证的 Nash-Surcliffe 效率系数不得小于 0.5。

5.1.6　应将城市建成区拟评价区域各排水分区的年径流总量控制率按各排水分区的面积加权平均,得到城市建成区拟评价区域的年径流总量控制率。

本条第 3 款是对内涝防治系统的要求。内涝防治系统是海绵城市建设的重要组成部分,也是城区水安全的重要保障。内涝防治是一项系统工程,涵盖从雨水径流的产生到末端排放的全过程控制,其中包括产流、汇流、调蓄、利用、排放、预警和应急措施等,而不仅仅包括传统的排水管渠设施。

源头减排主要通过生物滞留设施、植草沟、绿色屋顶、调蓄设施和透水路面等措施控制降雨期间的径流水量和水质,可减轻排水管渠设施的压力并有效削减城区径流污染、改善城区生态环境。住房城乡建设部颁布了《海绵城市建设技术指南——低影响开发雨水系统构建(试行)》,对径流控制提出了标准和方法。现行国家标准《室外排水设计规范》GB 50014 和《城镇内涝防治技术规范》GB 51222 中对源头减排设施的设置规模和设计参数也都有明确要求。具体的核算方法可参考上文。

排水管渠主要由排水管道和沟渠等组成,其设计应考虑公众日常生活的便利,并满足较为频繁的降雨事件的排水安全要求。排水管渠的设计能力核算,可采用现行国家标准《室外排水设计规范》GB 50014 中雨水量和排水管渠水力计算的规定进行。

排涝除险设施主要用来排除内涝防治设计重现期下超出源头控制设施和排水管渠承载能力的雨水径流。排涝除险设施的能力评价,应采用模型模拟法,对城区源头减排、排水管渠和排涝除险设施进行综合模拟,并满足下列要求:

(1)选用的模型应具有地面产汇流、管道汇流、地表漫流、河湖水系模拟功能,评估源头控制对排水防涝控制效果时,还应具有 LID 设施模拟功能。

(2)具有 LID 设施参数数据、管网拓扑数据、河湖水系数据、下垫面数据、地形数据等,支撑模型建模;具有与内涝防治设计重现期对应的最小时间段为 5min 总历时为 1440min 的设计雨型数据,或与设计暴雨雨量、最大 1h 雨强、雨型等相当的实际暴雨降雨。

(3)模型参数的率定与验证,应选择至少 1 个典型的排水分区,在重要易涝点设置摄像等监测设备,在市政管网末端排放口及上游关键节点处设置流量计,与分区内的监测项目同步进行连续自动监测,获取至少 1 年的重要易涝点积水范围、积水深度、退水时间摄像监测资料分析数据,及市政管网排放口"时间-流量"或泵站前池"时间-水位"序列监测数据。应各筛选至少 2 场最大 1h 降雨量不低于管渠设计重现期标准的降雨下的监测数据分别进行模型参数率定和验证。模型参数率定与验证的 Nash-Surcliffe 效率系数不得小于 0.5。合流制区域,首先进行旱天情景下模型率定和验证。

（4）模拟分析对应内涝防治设计重现期标准的设计暴雨下的地面积水范围、积水深度和退水时间,应符合现行国家标准《室外排水设计规范》GB 50014 与《城镇内涝防治技术规范》GB 51222 的规定。

（5）查阅至少近 1 年的实际暴雨下的摄像监测资料,当实际暴雨的最大 1h 降雨量不低于内涝防治设计重现期标准时,分析重要易涝点的积水范围、积水深度、退水时间,应符合现行国家标准《室外排水设计规范》GB 50014 与《城镇内涝防治技术规范》GB 51222 的规定。

应急管理指管理性措施,以保障人身和财产安全为目标,既可针对设计重现期之内的暴雨,也可针对设计重现期之外的暴雨。

【具体评价方式】

本条适用于规划设计、实施运管评价。对于更新城区,本条第 2 款不参评。

评价时,本条第 2 款年径流总量控制率和第 3 款内涝防治系统,都应该至少以一个排水分区为单位进行。如城区小于一个排水分区,则应扩大评价范围至一个完整的排水分区。

规划设计评价查阅海绵城市专项规划或排水防涝技术方案、设计施工资料。

实施运管评价查阅低影响开发措施的竣工图纸、相关运行维护措施,以及海绵城市和内涝防治效果监测数据和实施情况评估报告,并现场核查。

Ⅱ　环境保护

6.2.5 城区无排放超标的大气污染源,评价总分值为 9 分,并按下列规则分别评分并累计:

1 锅炉、炉窑等工业废气的排放分别符合现行上海市地方标准《锅炉大气污染物排放标准》DB 31/387、《工业炉窑大气污染物排放标准》DB 31/860 的规定,得 3 分。

2 道路、施工扬尘符合现行上海市地方标准《建筑施工颗粒物控制标准》DB 31/964 的规定,得 4 分。

3 餐饮油烟、汽车维修污染物的排放分别符合现行上海市地方标准《饮食业油烟排放标准》DB 31/844、《表面涂装(汽车制造业)大气污染物排放标准》DB 31/859 的规定,得 2 分。

【条文说明扩展】

对于城区内的锅炉、炉窑等,应按照相关法规要求加强污染物排放管理,其污染物排放应符合现行上海市地方标准《锅炉大气污染物排放标准》DB 31/387、《工业炉窑大气污染物排放标准》DB 31/860、《大气污染物综合排放标准》DB 31/933 等的规定。对于更新城区,申报前半年内不得有大气污染源超标排放环保处罚事件,新开发城区则无此要求。

上海市地方标准《锅炉大气污染物排放标准》DB 31/387－2018 对锅炉大气污染物排放限值提出了要求,见表 6.2.5-1。

表 6.2.5-1 锅炉大气污染物排放限值(mg/m³)

锅炉类别	颗粒物	二氧化硫	氮氧化物(以 NO₂ 计)	烟气黑度(林格曼黑度,级)	监控位置
气态燃料	10	10	50	≤1	烟道或烟囱
其他					

上海市地方标准《工业炉窑大气污染物排放标准》DB 31/860－2014 规定了工业炉窑的常规大气污染物排放限值,见表 6.2.5-2。

表 6.2.5-2 常规大气污染物排放限值浓度(mg/m³)

序号	大气污染物名称	最高允许排放浓度	监控位置
1	颗粒物	20	车间或生产设施排放口
2	二氧化硫	100	
3	氮氧化合物	200	
4	烟气黑度(格林曼黑度,级)	1	

上海市地方标准《大气污染物综合排放标准》DB 31/933－2015 规定了大气污染物项目排放限值,见表 6.2.5-3。

表 6.2.5-3 大气污染物项目排放限值

序号	污染物项目	适用范围	最高允许排放浓度(mg/m³)	最高允许排放速率(kg/h)
1	颗粒物	石棉纤维及粉尘	1.0 或者 1 根纤维/cm³	0.36
		碳黑尘、染料尘、颜料尘、医药尘、农药尘、木粉尘	15	0.36[1]
		二氧化硅粉尘、玻璃棉、矿渣棉、岩棉粉尘、树脂尘(漆雾)、橡胶尘、有机纤维粉尘、焊接烟尘、陶瓷纤维	20	0.80
		沥青烟	20	0.11
		其他颗粒物	30	1.5
2	烟气黑度(林格曼,级)	废气热氧化处理装置	1	/

序号	污染物项目	适用范围	最高允许排放浓度（mg/m³）	最高允许排放速率（kg/h）
3	二氧化硫	废气热氧化处理装置	100	/
		其他源	200	1.6
4	氮氧化物（以 NO_2 计）	氮肥、炸药和氨制备	300	0.47
		废气热氧化处理装置	150	/
		其他源	200	0.47
5	一氧化碳		1000	/
6	氯化氢		10	0.18
7	苯		1	0.1
8	甲苯		10	0.2
9	二甲苯		20	0.8
10	苯系物		40	1.6
11	非甲烷总烃（NMHC，以碳计）		70	3.0[2]
12	二噁英类[3]		0.1ng-TEQ/m³	/
13	多氯联苯[3][4]		0.1ng-TEQ/m³	/
14	苯并(a)芘		0.0003	0.000036
15	铍及其化合物（以铍计）		0.01	0.00073
16	汞及其化合物（以汞计）		0.01	0.001
17	铊及其化合物（以铊计）		0.2	0.001
18	铅及其化合物（以铅计）		0.5	0.0025
19	砷及其化合物（以砷计）		0.5	0.011
20	镉及其化合物（以镉计）		0.5	0.036
21	铬及其化合物（以铬计）		1	0.025
22	锡及其化合物（以锡计）		5	0.22
23	镍及其化合物（以镍计）		1	0.11
24	锰及其化合物（以锰计）		5	0.22
25	铬酸雾（以铬计）		0.05	0.005
26	砷化氢[4]		1.0	0.0036
27	磷化氢[4]		1.0	0.022
28	光气		1.0	0.10
29	氯化氰[4]		1.0	0.073
30	氰化氢		1.9	0.11
31	氟化物		5.0	0.073

续表

序号	污染物项目	适用范围	最高允许排放浓度（mg/m³）	最高允许排放速率（kg/h）
32		氯气	3.0	0.36
33		溴化氢[4]	5.0	0.144
34		硫酸雾	5.0	1.1
35		磷酸雾[4]	5.0	0.55
36		硝酸雾[4]	10	1.5
37		碱雾[4]	10	/
38		油雾[4]	5	/
39		甲醛	5	0.10
40		环氧乙烷[4]	5	0.10
41		1,3-丁二烯[4]	5	0.36
42		1,2-二氯乙烷[4]	5	0.48
43		丙烯腈	5	0.30
44		氯乙烯	5	0.55
45		丙烯酰胺[4]	5	0.1
46		溴甲烷[4]	20	0.1
47		溴乙烷[4]	1	0.025
48		1,2-环氧丙烷[4]	5	0.1
49		三氯乙烯[4]	20	0.5
50		环氧氯丙烷[4]	5	0.6
51		丙烯醛	16	0.36
52		乙醛	20	0.036
53		酚类	20	0.073
54		硝基苯类	10	0.036
55		苯胺类	20	0.36
56		氯甲烷[3][4]	20	0.45
57		氯苯类	20	0.36
58		甲醇	50	3.0
59		乙腈[4]	20	2.0
60		甲苯二异氰酸酯（TDI）[4]	1	0.1
61		二苯基甲烷二异氰酸酯（MDI）[4]	1	0.1
62		异佛尔酮二异氰酸酯（IPDI）[4]	1	0.1
63		乙酸乙烯酯[4]	20	0.5

序号	污染物项目	适用范围	最高允许排放浓度（mg/m³）	最高允许排放速率（kg/h）
64	乙酸酯类		50	1.0
65	丙烯酸(4)		20	0.5
66	丙烯酸酯类(4)		50	1.0
67	甲基丙烯酸甲酯(4)		20	0.6
68	二氯甲烷(4)		20	0.45
69	三氯甲烷(4)		20	0.45
70	四氯化碳(4)		20	0.45
71	其他污染物		《大气污染物综合排放标准》DB 31/933－2015 附录A	—

(1) 碳黑尘污染物控制设施总去除效率≥95%时，等同于满足最高允许排放速率限值要求。

(2) NMHC污染物控制设施总去除效率≥90%时，等同于满足最高允许排放速率限值要求。

(3) 按照《大气污染物综合排放标准》DB 31/933－2015附录F进行当量因子折算。

(4) 待国家污染物监测方法标准发布后实施。

注：污染源执行的污染物项目应根据使用的原料、生产工艺过程、生产的产品等情况选择确定。

城区内扬尘控制应符合《上海市大气污染防治条例》《上海市扬尘污染防治管理办法》《上海市建设工地施工扬尘控制若干规定》等法规和文件的具体要求，并符合现行上海市地方标准《建筑施工颗粒物控制标准》DB 31/964的相关规定。城区应制定扬尘污染的预防和控制措施，有效防治扬尘对城区环境的影响。对于更新城区，申报前半年内不得有扬尘污染环保处罚事件，新开发城区则无此要求。

上海市地方标准《建筑施工颗粒物控制标准》DB 31/964－2016对扬尘颗粒物浓度的相关规定，见表6.2.5-4。

表 6.2.5-4 监控点颗粒物控制要求

控制项目	单位	监控点浓度限值	达标判定依据注
颗粒物	mg/m³	2.0	≤1次/日
颗粒物	mg/m³	1.0	≤6次/日

注：一日内颗粒物15min浓度均值超过监控点浓度限值的次数。

城区餐饮企业应符合《上海市饮食服务业环境污染防治管理办法》《上海市大气污染防治条例》等法规要求。对于产生油烟污染的饮食服务项目，应安装与其经营规模相匹配的油烟净化设施，油烟排放应符合现行上海市地方标准《饮食业油烟排放标准》DB 31/844相关规定。对于更新城区，申报前半年内不得有餐饮油烟企业违法排污的环保处罚事件，新开发城区则无此要求。

上海市地方标准《餐饮业油烟排放标准》DB 31/844—2014 中规定了餐饮服务企业餐饮油烟浓度排放限值,见表6.2.5-6。

表6.2.5-6　餐饮服务企业餐饮油烟浓度排放限值

污染物项目	排放限值	污染物排放监控位置
餐饮油烟(mg/m³)	1.0	排风管或排气筒

汽车维修服务企业的污染物排放应符合现行上海市地方标准《表面涂装(汽车制造业)大气污染物排放标准》DB 31/859、《大气污染物综合排放标准》DB 31/933等相关规定。对于更新城区,申报前半年内不得有汽车维修服务企业大气污染源超标排放环保处罚事件,新开发城区则无此要求。

上海市地方标准《表面涂装(汽车制造业)大气污染物排放标准》DB 31/859—2014规定了污染物排放标准,见表6.2.5-7。

表6.2.5-7　污染源大气污染物排放限值

序号	污染物	最高允许排放浓度限值 (mg/m³)	最高允许排放速率限值 (mg/m³)	监控位置
1	苯	1	0.6	
2	甲苯	3	1.2	
3	二甲苯	12	4.5	
4	苯系物	21	8.0	车间或生产设施排气筒
5	非甲烷总烃	30	32	
6	颗粒物	20	8.0	

【具体评价方式】

本条适用于规划设计、实施运管评价。

规划设计评价查阅大气污染防治规划方案、大气污染源信息及监管方案等文件。

实施运管评价查阅城区内锅炉、炉窑、餐饮企业、汽修企业、施工工地等大气污染源信息目录,污染源相关监测报告,相关领域环保处罚记录,扬尘污染的预防和控制措施文件,餐饮企业油烟净化设施安装清单,并现场核查。

6.2.6 采用合理措施,控制雨水径流对受纳水体的污染,评价分值为10分,并按下列规则分别评分并累计:

1 雨水系统末端设置径流污染截流或处理设施,对径流污染实现控制,得4分。

2 降雨结束24h后,雨水排口附近水体水质不劣于降雨前,得6分。

【条文说明扩展】

雨水污染治理的措施包括工程性措施和非工程性措施。工程性措施主要包括源头减排设施、合流制溢流污染截流调蓄、初期雨水调蓄、雨水湿地等。非工程性措施主要包括地表清扫、管道疏通等。

对于合流制地区,目前上海市合流制截流倍数一般为 3,即雨天合流制截流能力为旱天的 4 倍(如旱季污水流量为 q,则雨季截流合流污水量为 $4q$),但当降雨强度超过系统截流能力,合流污水就会溢流到水体,造成污染。对于分流制地区,雨水因大气沉降、冲刷地表而被污染,因此分流制系统雨水排放口的出流水质也并不好。可以通过在雨水系统末端即泵站或者排放口设置调蓄池、旋流分离设备、格栅或者雨水湿地等措施,对合流污水和雨水径流污染进行控制。

雨水径流往往对受纳水体造成冲击负荷,在降雨期间,容易在排口附近形成黑团,一般认为降雨 72h 后,雨水径流造成的污染将通过水体自净等过程得到缓解,当城区初期雨水在源头、过程和末端得到较为有效的控制时,其对受纳水体造成的污染将大幅度降低,因此本条第 2 款对 24h 后的雨水排水口水质提出要求。雨水径流污染的主要污染指标为 SS,但 SS 难以作为地表水环境的评价指标,而雨水径流 COD_{cr} 与 SS 一般有较好的相关性,因此可选择 COD_{cr} 作为评价的水质指标。

【具体评价方式】

本条适用于规划设计、实施运管评价。对于新开发城区,本条第 1 款不参评。

规划设计评价查阅海绵城市建设规划或排水防涝规划,审查城区面源污染控制目标及规划方案。

实施运管评价查阅雨水排口监测数据并应现场核查。对于第 2 款,考虑到上海属于平原河网地区,上、下游的污染源都可能对排口附近的水质造成影响,因此,在排口上、下游各 100m 处,设置监测断面作为对照点,并应确保在此 200m 范围内无其他雨污水排口。一年抽取 6 场有效降雨做检测,获得非降雨时期和降雨结束后 24h 的水体水质数据,如对照点水质无明显变化,而排口附近水体 COD_{cr} 的值超过降雨前 20%,则可认为此项不得分。

6.2.7 建立场地环境风险管控制度,对污染场地实施有效的修复治理。评价分值为 12 分,并按下列规则分别评分并累计:

1 建立场地环境风险管控制度,得 4 分。

2 污染场地得到有效治理,得 8 分。

【条文说明扩展】

城区应按照《中华人民共和国土壤污染防治法》《上海市经营性用地和工业用地全生命周期管理土壤环境保护管理办法》等相关法规要求组织开展经营性用地和工业用地储备、出让、收回、续期等环节的土壤环境(含地下水,下同)调查评估和治理修复的管理。经营性用地和工业用地的土壤环境调查评估、治理修复、环境监理及验收分别执行《上海市经营性用地全生命周期管理场地环境保护技术指南(试行)》《上海市工业用地全生命周期管理场地环境保护技术指南(试行)》。

城区应建立场地环境风险管控制度,管控制度应符合《中华人民共和国土壤污染防治法》《污染地块土壤环境管理办法(试行)》(环境保护部令第 42 号)、《关于保障工业企业及市政场地再开发利用环境安全的管理办法》(沪环保防〔2014〕188 号)、《上海市经营性用地和工业用地全生命周期管理土壤环境保护管理办法》(沪环保防〔2016〕226 号)、《上海市环境保护局关于加强污染地块环境保护监督管理的通知》(沪环保防〔2017〕311 号)等相关法规和文件要求。场地环境风险管控制度应至少包含污染场地环境调查与风险评价、污染场地治理修复及后续土地流转、场地开发利用等内容。

针对区域内污染物,可以选择换土法、电动力学修复、重金属热解法、土壤淋洗法、萃取分离法、原位化学稳定化修复、植物修复法、微生物修复法等中的一种或多种方法开展污染场地修复,控制污染场地的环境风险,确保区域土壤环境质量符合现行国家标准《土壤环境质量建设用地土壤污染风险管控标准(试行)》GB 36600 的规定。

【具体评价方式】

本条适用于规划设计、实施运管评价。

本条适用于存在遗留工业场地、潜在污染场地的城区,以及由于资料缺少等原因造成无法排除区域内存在潜在污染场地的城区。对于不存在上述场地的城区,本条直接得分。

规划设计评价查阅场地调查和评估报告、场地环境风险管控制度文件、污染场地清单、污染场地修复方案。

实施运管评价还需查阅污染场地修复工程竣工资料、污染场地修复工程效果评估报告等文件,并现场核查。

6.2.8 实行垃圾分类收集、密闭运输,评价总分值为 12 分,并按下列规则分别评分并累计:

1 生活垃圾分类收集设施覆盖率 100%,得 3 分。

2 生活垃圾全面实行密闭化运输,得 6 分。

3 生活垃圾有效分类收运率达到 100%,得 3 分。

【条文说明扩展】

垃圾分类收集就是在源头将垃圾分类投放,并通过分类的清运和回收使之分类处理或重新变成资源,减少垃圾的处理量,减少垃圾运输和处理过程中的成本。生活垃圾分类收集后,应进行分类运输,避免混装。

本条要求生活垃圾分类应符合《上海市促进生活垃圾分类减量办法》(沪府令 14 号)、《上海市生活垃圾分类目录及相关要求》中有关分类收集容器类别、规格、标志色、标识等设置要求。

《上海市生活垃圾管理条例》第四条将本市生活垃圾分为四类,具体分类标准规定如下:

• 可回收物,是指废纸张、废塑料、废玻璃制品、废金属、废织物等适宜回收、可循环利用的生活废弃物。

• 有害垃圾,是指废电池、废灯管、废药品、废油漆及其容器等对人体健康或者自然环境造成直接或者潜在危害的生活废弃物。

• 湿垃圾,即易腐垃圾,是指食材废料、剩菜剩饭、过期食品、瓜皮果核、花卉绿植、中药药渣等易腐的生物质生活废弃物。

• 干垃圾,即其他垃圾,是指除可回收物、有害垃圾、湿垃圾以外的其他生活废弃物。

分类收集设施配置基本要求为:

• 党政机关、企事业单位、社会团体等单位的办公或生产经营场所应当设置可回收物、有害垃圾、湿垃圾、干垃圾四类收集容器。

• 住宅小区应当在生活垃圾收集运输交付点设置可回收物、有害垃圾、湿垃圾、干垃圾四类收集容器;在其他公共区域设置收集容器的,湿垃圾、干垃圾两类收集容器应当成组设置。

• 公共场所应当设置可回收物、干垃圾两类收集容器;但湿垃圾产生量较多的公共场所,应当增加设置湿垃圾收集容器。

有细化分类要求的区域可根据实际,增设分类收集容器,如:细化可回收物分类投放品种,增设废纸张、废塑料、废玻璃、废旧衣物、电子废弃物等专用收集容器;细化有害垃圾分类投放品种,增设废荧光灯管等专用收集容器。

生活垃圾全密闭化运输是指采用全密闭、防臭味扩散、防遗撒、防渗沥液滴漏的运输工具运输分类好的生活垃圾。

生活垃圾收运应符合《上海市生活垃圾管理条例》《上海市城市生活垃圾收运处置管理办法》《上海市餐厨垃圾处理管理办法》《上海市餐厨垃圾自行收运管理办法》等中有关收运规范的要求,收运生活垃圾应有专用密闭的车辆,实行全过程密闭化运输,不得滴漏、撒落。

按照《上海市城市生活垃圾收运处置管理办法》,垃圾收运车需实现全密闭、防臭味扩散、防遗撒、防渗沥液滴漏的功能。因此,密闭垃圾清运车必须有盖,底部防滴漏(图 6.2.8)。

图 6.2.8 密闭垃圾收运车

《上海市生活垃圾管理条例》第三十条:收集、运输单位应当执行行业规范和操作规范,并遵守下列规定:

- 使用专用车辆、船舶分类运输生活垃圾;专用车辆、船舶应当清晰标示所运输生活垃圾的类别,实行密闭运输,并安装在线监测系统。
- 不得将已分类投放的生活垃圾混合收集、运输,不得将危险废弃物、工业固体废物、建筑垃圾等混入生活垃圾。
- 按照要求将需要转运的生活垃圾运输至符合条件的转运场所。

在实施运管评价对生活垃圾有效分类收运率进行考核,垃圾按照收集点分类进行分类收集、运输的按照实现有效分类计算。计算公式为

$$生活垃圾有效分类收运率(\%) = \frac{实现分类收集、运输的生活垃圾量(t)}{生活垃圾产生量(t)} \times 100\%$$

鼓励通过发放生活垃圾分类指南、培训指导、入户宣传、设置容器、发放绿色账户积分卡、开展积分兑换活动等方式引导居民逐步参与到垃圾分类活动中。在城区运营初期,还应组建生活垃圾分类志愿者队伍或者专职人员,负责城区内生活垃圾分类工作的日常宣传、指导,对居民的分类投放、保洁员的分拣、垃圾分类收运实施监督、评价等。

【具体评价方式】

本条第1,2款适用于规划设计、实施运管评价,第3款适用于实施运管评价。

规划设计评价查阅环卫设施规划、生活垃圾综合处理规划方案等文件。

实施运管评价查阅垃圾收运协议、垃圾收运单位和生活垃圾处置作业服务单位的工作日志,以及生活垃圾综合处理年度总结报告,并现场核查。生活垃圾综合处理年度总结报告应包含促进生活垃圾分类收运采取的主要措施、存在的问题以及解决办法等。

6.2.9 采取合理措施降低城区噪声,评价总分值为 6 分,并按下列规则分别评分并累计:

1 采用声屏障、低噪声路面等技术,降低交通噪声,得 3 分。

2 制定噪声管理制度,无施工噪声、交通噪声扰民投诉,得 3 分。

【条文说明扩展】

本条旨在为城区创造良好的声环境,减少噪声污染。城区应制定声环境保护相关方案,参照《上海市环境噪声标准适用区划》,对城市交通噪声和施工噪声提出要求,制定相关控制措施,并切实执行。

一般城区内主要噪声源来自交通噪声、施工噪声等。道路交通噪声污染防治措施主要有设置声屏障、采用低噪声路面、在敏感区域采取稳静化措施等;施工噪声可通过在施工过程中采用低噪声的施工机械和先进的施工技术,合理安排施工时间等措施达到控制噪声的目的。

根据《中华人民共和国环境噪声污染防治法》,建设经过已有的噪声敏感建筑物集中区域的高速公路和城市高架、轻轨道路,有可能造成环境污染的,应当设置声屏障或者采取其他有效的控制环境噪声污染的措施。

行业标准《声屏障声学设计和测量规范》HJ/T 90—2004 根据声环境评价的要求确定噪声防护对象,可以是一个区域,也可以是一个或一群建筑物。因此,在高速路、高架路、地面轨道交通道路两侧 30m 内存在敏感区的区域均需建设声屏障。一般敏感区为居住区、学校、敬老院、医院等建筑或区域。

低噪声路面一般采用具有大孔隙率的沥青混凝土,其表面有许多半露的微小孔隙,面层的空隙既可以吸收发动机与传动机件传播到路面的噪声,也可以对通过底盘反射回路面的轮胎噪声及其他来源的反射到路面的噪声进行有效的吸收,其吸声机理等同于多孔吸声材料。采用低噪声路面可一定程度降低道路交通噪声。

【具体评价方式】

本条适用于规划设计、实施运管评价。

评价时,高速路、高架路、地面轨道交通道路两侧 30m 内存在敏感区的区域均设置声屏障,且低噪声路面覆盖率达到 10%,本条才可得分。

规划设计评价查阅城区绿色生态专业规划、声环境保护相关规划等文件,审查道路噪声、施工噪声相关管理措施。

实施运管评价查阅道路噪声、施工噪声管理相关文件,环境噪声投诉信息,声屏障分布图,噪声显示牌、禁鸣标志分布位置图等,并现场核查。

6.2.10 城区环境质量优良,评价总分值为 6 分,并按下列规则分别评分并累计:

1 主要地表水体的水质达到《上海市水环境功能区划》的相应要求,得 3 分。

2 环境噪声达标区覆盖率达到 100%,得 3 分。

【条文说明扩展】

本条要求评价区内主要地表水体水质达到《上海市水环境功能区划》的目标要求。主要地表水体说明及监测评价技术要求同第 6.1.2 条。

《上海市水环境功能区划》中针对不同地表水体功能类别制定了相应的水质目标类别要求。《上海市水环境功能区划(2011 年修订版)》将全市河网划分为四类功能区(图 6.2.10),分别为:Ⅱ类水质控制区,黄浦江上游水源保护区;Ⅲ类水质控制区,包括黄浦江上游准水源保护区、崇明岛和横沙岛;Ⅳ类水质控制区,包括浦东地区、青松地区、蕴藻浜以北的嘉宝地区、临港新城和长兴岛;Ⅴ类水质控制区,包括浦西中心城区和杭州湾沿岸地区。评价时,本条执行现行版《上海市水环境功能区划》。不同功能类别的水质评价标准参照现行国家标准《地表水环境质量标准》GB 3838。

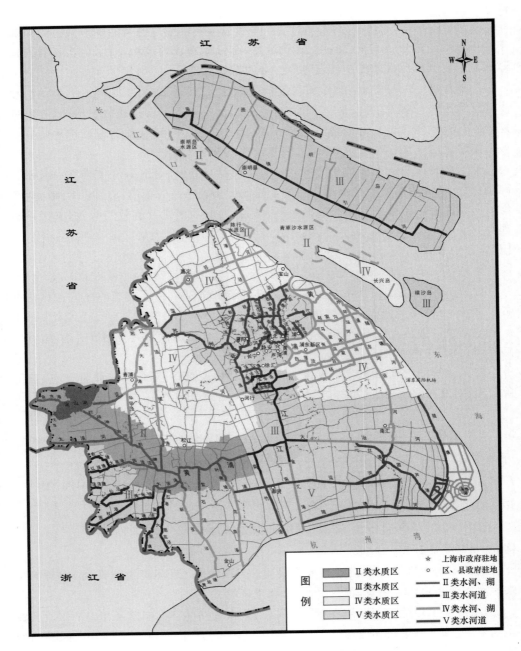

图 6.2.10 上海市水环境功能区划图

城市声环境是城市居民生活环境的重要组成部分,城市声环境的好坏直接关系城市居民的身心健康和生活质量。环境噪声达标区覆盖率指依照不同声环境功能区环境噪声质量分别达到现行国家标准《声环境质量标准》GB 3096 中相应要求的面积

占城区总面积的比例,计算公式如下:

$$环境噪声达标区覆盖率(\%) = \frac{环境噪声达标区面积(km^2)}{城区总面积(km^2)} \times 100\%$$

《声环境质量标准》GB 3096—2008 规定了五类声环境功能区的噪声限值,见表6.2.10。

表 6.2.10　环境噪声限值

声环境功能区类别		时段	
		昼间	夜间
0 类		50	40
1 类		55	45
2 类		60	50
3 类		65	55
4 类	4a 类	70	55
	4b 类	70	60

城区所属的声环境功能区类别执行现行版的《上海市环境噪声标准适用区划》。

【具体评价方式】

本条适用于实施运管评价。

实施运管评价查阅地表水水质、环境噪声监测评价报告,并现场核查。

7 低碳能源与资源

资源节约是绿色生态城区的基本特征之一,绿色生态城区应充分发挥在能源和水资源利用、废弃物资源化利用等方面的集约节约利用优势,提升资源循环利用水平,促进城市实现绿色发展。"低碳能源与资源"有3项控制项,14项评分项。评分项分为能源、水资源、固废和材料资源、碳排放四个板块,分别有5条(34分)、4条(30分)、4条(28分)和1条(8分)。

7.1 控制项

7.1.1 应制定能源综合利用规划和水资源综合利用规划,统筹利用各种能源和水资源。

【条文说明扩展】

城市规划所涵盖的主要能源:电力、燃气、热力、油品、煤炭及可再生能源。城市能源工程系统主要包括城市供电工程系统、城市燃气工程系统以及城市供热工程系统等,以上系统规划主要是从供应侧的角度进行各类负荷的预测及设施的布局,一般是配合城市总体规划开展的各类专项规划。这些专项规划较少涉及可再生能源利用、区域能源系统、建筑节能、能源监管等,较难与绿色生态城区的资源节约目标相适应。因此,亟须对现有的城市规划与建设内容进行基于"开源节流"等绿色生态内容的完善和补充,并将相关内容纳入城市规划和实施计划之中。

"能源综合利用规划"指依据上位规划,遵循"四节一环保"(节能、节水、节材、节地和环境保护)和降低碳排放的原则,结合综合资源规划(IRP)的原理,对所开发区域的能源系统进行策划和规划。

能源综合利用规划应包括能源的现状分析、能源需求分析、建筑节能、可再生能源利用等内容,具体编制可参照但不限于以下内容:

(1)项目概况:应明确能源规划的范围及期限、目标、规划内容、规划路线及规划依据等。

(2)能源现状分析:当地的气候特点(如气温、降雨、风力、太阳能辐射等气候资源现状)、能源结构、能源供应及利用现状、可再生能源资源量等。

(3)能源需求分析:应对规划范围的电力、燃气、热力需求等进行负荷预测,这些负荷(电力负荷、燃气负荷、空调负荷、采暖负荷、生活热水负荷等)是后续能源规划的基础,并应统计出负荷需求总量。

(4)常规能源系统的优化方案:上位规划有关电力、燃气等的规划方案介绍和

（或）优化方案。

（5）建筑节能规划：基于建筑用能预测及规划目标对规划范围内不同类型的用地提出合理的节能规划建议。

（6）可再生能源规划：对太阳能生活热水、太阳能光伏发电、太阳能采暖空调、风力发电、地源热泵等进行合理规划，绘制可再生能源规划布局图，确定利用的形式、规模等，并计算可再生能源利用率。

（7）余热、废热等资源利用规划：对余热、废热等资源进行合理规划，绘制余热、废热等资源规划布局图，确定利用的形式、规模等，并计算余热、废热等资源利用率。

（8）其他能源规划建议：如对城区的能源监管、能源展示等进行合理布局。

对于包含工业项目的城区，编制能源综合利用规划时还应结合所在地区经济发展状况、工业类型、相关工业的用能现状等预测其用能需求，并制定相应的能源利用方案。

"城市水资源综合利用规划"指在一定范围内，在城市总体规划的框架下，以控制性详细规划为依据，在适宜于当地环境与资源条件的前提下，将供水、污水、雨水等统筹安排，以达到高效、低耗、节水、减排、生态目的的系统规划。强调尊重和利用本地自然环境特性，与城市发展相适应。优化配置供水资源，合理开发污水资源，减缓对水资源需求的增长；在确保水安全的前提下，减少城市降雨径流量，涵养地下水，尽可能地收集利用雨水。同时，改善区域环境质量，促进城市以对环境更低冲击的方式进行规划、建设和管理，达到城市与自然和谐共生的目的。

水资源综合利用规划主要包括水资源现状分析、城市水资源节约相关技术措施、非传统水源利用、低影响开发等内容。具体编制可参照但不限于以下内容：

（1）项目概况：应明确编制背景、规划范围及期限、规划目标、规划内容、技术路线及依据等。

（2）现状及相关规划解读：对城区的气象资料、地质条件、水资源和水环境概况、市政给排水状况、城区建设进度进行梳理，并对上位规划及相关规划进行解读。

（3）用水需求分析：基于国家及当地的城市节水要求，合理确定用水量标准，编制规划区的用水量计算表。

（4）节水方案：按城市给水系统、污水收集排放系统、雨水排水系统等几个方面，分别提出基于绿色生态城区建设的、以水资源节约和水环境保护为目标的规划措施。

（5）非传统水源利用方案：对规划区雨水、河道水等非传统水资源利用方案进行技术经济可行性分析，进行水量平衡计算，确定是否进行雨水、河道水回用，如果采取上述规划措施，则应明确提出规划方案，包括确定利用形式、规模及设施布局，并计算非传统水源利用率。

（6）低影响开发实施方案：对道路、建筑小区、公园等不同区域采用的低影响开发技术措施进行规划布局，明确其技术类型、应用规模等内容。

本条适用于规划设计、实施运管评价。

规划设计评价查阅项目所在地的能源和水资源调查与评估资料、能源综合利用规划方案、水资源综合利用规划方案及相关图纸。

实施运管评价查阅城区能源和水资源利用实施情况评估报告、未来3~5年的发展规划以及关键系统的运行记录等,并现场核查。

7.1.2　应制定固体废物资源化利用方案,提升资源循环利用水平。

【条文说明扩展】

加强固体废物资源化利用是解决城市固废造成的突出环境问题和保障城市绿色运行的重要措施。十九大明确提出"推进绿色发展,推进资源全面节约和循环利用;着力解决突出环境问题,加强固体废弃物和垃圾处置"。为了促进绿色发展,推进建筑垃圾资源化利用行业持续健康发展,工业和信息化部、住房城乡建设部组织编制了《建筑垃圾资源化利用行业规范条件(暂行)》(工信部〔2016〕71号)、《建筑垃圾资源化利用行业规范条件公告管理暂行办法》(工信部〔2016〕71号)。2018年底国务院办公厅印发了《"无废城市"建设试点工作方案》(国办发〔2018〕128号),提出"无废城市是以创新、协调、绿色、开放、共享的新发展理念为引领,通过推动形成绿色发展方式和生活方式,持续推进固体废物源头减量和资源化利用,最大限度减少填埋量,将固体废物环境影响降至最低的城市发展模式"。"无废城市"并不是没有固体废物产生,也不意味着固体废物能完全资源化利用,而是一种先进的城市管理理念,旨在最终实现整个城市固体废物"产生量最小、资源化利用充分、处置安全"的目标,需要长期探索与实践。

《上海市城市总体规划(2017—2035年)》对固体废物总体要求:按照"减量化、无害化、资源化"原则,加快推进垃圾源头减量,健全固废分类投放、收集、运输、处理体系,以及湿垃圾资源化利用设施、建筑垃圾分类消纳和资源化利用体系建设,完成城市固废终端分类利用和处置设施布局,发展固废循环经济,形成静脉产业链。至2035年,实现原生垃圾零填埋,实现固废分类收集全覆盖。《上海市建筑行业转型发展"十三五"规划》提出以建筑垃圾处理和再利用为重点,加强再生建材生产技术和工艺研发,切实提高产品质量,鼓励建设企业优先使用再生建材,推动建筑废弃物综合利用行业发展。《关于加快推进本市建筑垃圾处置工作的实施方案》(沪建城管联〔2017〕401号)明确提出了加快推进建筑垃圾资源化利用设施的建设和支持废弃混凝土资源化利用工作。

固体废物资源化利用是指在城区规划范围内,结合上位规划,在适宜于当地环境和资源约束条件的前提下,对城区内的固体废物进行综合利用,使之成为二次资源。绿色生态城区的固体废物资源化利用形式包括但不限于生活垃圾资源化利用、建筑垃圾资源化利用、污泥资源化利用等,固体废物资源化利用方案具体编制可参照但不

限于以下内容:

（1）项目概况:项目背景及意义、编制范围及目标、内容、依据等。

（2）现状分析:对城区及所在区的固体废物的收集方式、分类情况及处理方式、固体废弃物设施情况进行分析,并了解固体废弃物利用的相关政策。

（3）固体废物分类收集:对城区内不同的地块分别提出相应的分类收集策略。

（4）生活垃圾资源化利用:生活垃圾产量预测、生活垃圾收集设施布局要求、不同类型生活垃圾资源化利用方案等。

（5）建筑垃圾资源化利用:建筑垃圾产量预测、不同类型建筑垃圾资源化利用方案,应合理布局建筑垃圾收集点和资源化利用站点,阐明资源化利用工艺,并明确建设工程的施工单位应落实相关规划要求等。

（6）污泥资源化利用:河道污泥、通沟污泥的产量预测,污泥资源化利用方案(包括污泥资源化利用站点布局、资源化利用工艺、应用对象等)。

【具体评价方式】

本条适用于规划设计、实施运管评价。

规划设计评价查阅城区或所在区的固体废物资源化利用方案,方案中应包含生活垃圾、建筑垃圾、污泥的资源化利用方案及相关图纸,并对其可行性、经济性和环保性进行分析。若城区上一级规划已经包含了固体废物资源化利用方案,可直接利用上一级固体废物资源化利用方案;若没有,城区应单独制定固体废物资源化利用方案。

实施运管评价查阅城区固体废物资源化利用实施情况评估报告,报告中应包括固体废物资源化利用目标完成情况、固体废物资源化利用产品的实际工程应用、固体废物资源化利用社会环境经济效益情况等内容;重点审查资源化利用设施投入产出效益、能耗水耗情况、环境评估等内容,并现场核查。

7.1.3 应编制详尽的碳排放清单,制定分阶段的减排目标和实施方案。

【条文说明扩展】

1. 碳排放清单编制

以城区为单位计算其在社会和生产活动中各环节直接或间接排放的温室气体,称作为编制碳排放清单(也叫温室气体清单)。编制碳排放清单有利于准确地掌握城区温室气体排放源和吸收汇的关键类别,梳理主要领域排放状况,把握碳排放特征,制定切合实际的减排目标、任务措施、实施方案。国内相关的碳排放清单编制方法有以下几种:

（1）针对国家层面的 IPCC(Intergovernmental Panel on Climate Change,政府间气候专门委员会)的《国家温室气体排放清单指南》(1996 版和 2006 版)。

（2）英国标准学会 BSI 的《商品和服务在生命周期内的温室气体排放评价规范》PAS2050,以及《碳中和承诺标准》PAS2060,该标准可供任何实体使用于任何选定的标的物上。

（3）针对企业层面的国际标准化组织 ISO 的温室气体、产品碳足迹系列标准。包括 ISO 14064－1～3（组织、项目的温室气体减排及其认定）、ISO/Cd 14067－1～2（产品碳足迹的计算、标示等）。

（4）针对企业层面的世界可持续发展工商理事会（WBCSD）和世界资源研究所（WRI）联合推出的温室气体议定书（The GHG Protocol），主要为企业核算与报告标准、项目核算等内容。

（5）联合国环境规划署可持续建筑和气候倡议项目 UNEP-SBCI 的《建筑运行用能计量和温室气体排放报告通用碳量度》。

近年来，我国制定了碳排放清单编制方法及碳排放核算方法的政策和文件等，包括国家发展改革委《关于启动省级温室气体排放清单编制工作有关事项的通知》（发改办气候〔2010〕2350 号）、《关于印发省级温室气体清单编制指南（试行）的通知》（发改办气候〔2011〕1041 号）及《上海市温室气体排放核算与报告指南》（SH/MRV－001－2012）、《上海市碳排放管理试行办法》（上海市人民政府令第 10 号）等文件。在科技研发方面，包括：住房城乡建设部科技项目"中国建筑物碳排放通用计算方法研究"编制完成的《中国建筑碳排放通用计算方法导则》、国家科技支撑计划课题"建筑节能项目碳排放和碳减排量化评价技术研究与应用"、中国工程建设协会标准《建筑碳排放计量标准》、国家标准《建筑碳排放计算标准》等。

按照国家和各省市编制温室气体排放清单的要求，并充分考虑城区的综合社会功能属性，其碳排放活动板块一般包括建筑、交通、产业、废弃物处置、水资源和碳汇领域。其主要活动内容如下：

（1）建筑领域，主要包括既有建筑、新建建筑、市政配套建筑等的相关用能活动。

（2）交通碳排放只计算城区范围内的交通出行范围。

（3）产业碳排放主要计算非楼宇经济相关的产业，如工业等。

（4）废物处理碳排放以城区产生的废物量为基数，按实际处理方式进行计算。

（5）水资源碳排放包括城区内供水和排水处理方式产生的碳排放。

（6）景观绿化领域，主要指项目中林地、草地和湿地的碳汇功能。

通过对上面 6 个领域的碳排放清单进行界定，进行详尽合理的碳排放计算分析，在切实把握自身碳排放数据的基础上，才能根据国家及城区所在城市的总体的减排目标，制定城区切实可行的减排目标和减排实施方案，成为全社会碳减排的示范区域。

城区碳排放清单编制一般包括三大流程，具体如下：

（1）数据收集阶段，成立碳排放清单编制小组后，开展城区碳排放源的排查和识别，掌握主要排放方式和重点排放源，分析并确定数据统计渠道，制定详细的清单编制工作计划。

（2）数据处理阶段，收集编制清单需要的各年份相关活动水平数据、排放因子相关参数。组织相关领域的专家,对数据的完整性、准确性等进行研讨和论证,确保数据的科学性。

（3）清单编制阶段,按照碳排放清单编制计划,完成包括建筑、交通、工业、废弃物处置、水资源五大领域碳排放清单,并组织相关行业专家参与研讨,完善碳排放清单。

2．制定分阶段碳减排目标

本条还要求制定分阶段碳减排目标,制定目标要兼顾自上而下和自下而上的要求。自上而下的方法是指在充分调研国家、项目所在市和区的行政碳减排目标的前提下,充分考虑城区项目自身的上位规划、功能定位等特征,制定城区的碳减排目标;自下而上的方法是指在城区碳排放清单的编制完成的基础上,利用情景分析方法,计算采用不同低碳模式强度下的碳减排目标。

1）国家及上海的碳减排目标制定可参考的相关政策

2014 年中国在 APEC 会议期间发布的《国家应对气候变化规划（2014－2020年）》,借助 APEC 会议的全球影响力表明中国在控制碳排放、应对全球气候变化方面的坚定决心。文件提出,到 2020 年单位国内生产总值二氧化碳排放比 2005 年下降 40％～45％的目标。

2015 年《巴黎协定》的框架之下中国提出了碳减排目标,文件提出,到 2030 年中国单位国内生产总值的二氧化碳排放要比 2005 年下降 60％～65％。到 2030 年左右,中国的二氧化碳的排放要达到峰值,并且争取尽早地达到峰值。

2016 年《"十三五"控制温室气体排放工作方案》提出总体目标,到 2020 年,单位国内生产总值二氧化碳排放比 2015 年下降 18％,碳排放总量得到有效控制。

2017 年《上海市节能和应对气候变化"十三五"规划》提出,上海市碳减排目标为单位生产总值能源消耗降低率不低于 17％、单位生产总值二氧化碳排放量降低率不低于 20.5％。

以上政策仅供参考,具体制定时以国家和地方最新碳减排目标为依据。

2）自下而上的碳减排目标确定方法

城区碳排放计量的步骤包括:

（1）排放源识别。对城区内各种温室气体排放源进行识别,包括建筑、交通、产业、废弃物、水资源和景观绿化领域的直接排放源、能源间接排放源和其他间接排放。

（2）量化温室气体排放量。包括基准线的确定,量化基准线的温室气体排放量（和低碳发展下的温室气体排放量）。温室气体排放量的计算公式如下:

$$GHG = \sum AD_i \times EF_{ci}$$

式中:GHG——温室气体排放量;

AD_i——活动数据;

EF_{ci}——为排放因子,以城区所在地的相关参数为准。

（3）计量城区绿色低碳发展规划的温室气体减排量

$$GHG(tCO_2e)＝GHG(基准线)－GHG(低碳情景下)$$

3. 编制碳减排实施方案

编制城区碳减排实施方案,实施方案需要包括的内容有城区碳减排原则及目标、城区碳减排技术路线、城区碳减排主要任务。

【具体评价方式】

本条适用于规划设计、实施运管评价。

规划设计评价查阅城区碳排放清单、碳减排实施方案,审查碳排放清单编制方法、数据依据、碳减排目标及碳减排措施的合理性。

实施运管评价查阅碳核查报告、重点减碳项目年度总结报告等文件。

7.2 评分项

Ⅰ 能 源

7.2.1 城区内实行用能分项计量,提高运营管理水平,评价总分值为 6 分,并按下列规则分别评分并累计:

1 建筑用能实行分类分项计量,且纳入区(市)级能耗监测平台,得 3 分;市政公用设施用能实行分类分项计量,得 1 分。

2 采用区域能源系统时,对集中供冷(热)实行终端用户计量收费,得 2 分。

【条文说明扩展】

用能分类计量是指对各类用能包括电力、燃气、燃油、集中供热、集中供冷、可再生能源及其他类用能等安装计量表进行数据采集。用能分项计量是指对各个不同用途的用能如空调能耗、照明能耗、动力能耗等安装计量表进行数据采集。对于工业建筑还应考虑分区计量,即按照建筑单体和建筑功能进行分别计量。公共建筑用能计量应符合现行上海市工程建设规范《公共建筑用能监测系统规程技术规范》DGJ 08－2068相关要求。

第 1 款要求对公共建筑、工业建筑和公共设施实施用能分项计量装置的安装,并与区(市)级能耗监测平台联网,以实现能耗实时监测及数据上网传输。能源管理平台的功能包括但不限于:监控城区各用电、用水、燃气、冷热量等支路或设备每日、每周、每月的能耗数据,形成同比、环比分析图;监控城区各用电、用水、冷热量等支路和设备能耗的变化趋势、关键拐点和异常特征。实现城区用电分项能耗数据统计;当设备或系统的用能超过正常用量时,通过显示或声音方式发出异常用电报警信息;数据采集网关设备运行状态异常报警;城区重点用能设备的运行状态实时监测和异常诊断;城区中对用能系统及设备持续节能优化控制;实现面向公众的能源展示和宣传、教育等。

第 2 款对区域能源系统的冷热量计量提出了要求。采用区域能源系统的城区,应对系统提供的集中冷量或热量做好分级计量与记录,同时对终端用户实现按能量计量收费,这样有利于引导用户节能。此外,还应根据区域能源系统的设备选型、性能、运行时间、同时使用系数等因素,对集中供冷或供热的合理收费标准进行详细测算,并严格落实各地块接入集中供冷或供热的路由以及计量收费设备的安装条件。

【具体评价方式】

本条适用于规划设计、实施运管评价。未采用区域能源系统的城区,本条第 2 款不参评。

规划设计评价查阅能源综合利用规划、相关节能管理文件。涉及区域能源系统的,应查阅区域能源系统的可行性研究报告、设计方案及相关的图纸文件,审查区域能源系统的可行性、合理性,以及分级计量系统在图纸上的落实情况。

实施运管评价查阅城市(区)的能源管理平台的建设和运营评估报告,抽样查验建筑及各类设施的分类分项计量落实情况。涉及区域能源系统的,查阅系统的运行分析报告、计量收费管理文件或合同、计量收费账单或记录等文件,并现场核查系统的运行情况及计量表具的落实情况。

7.2.2 勘查和评估城区内可再生能源的分布及可利用量,合理规模化利用可再生能源,评价总分值为 8 分,并按下列规则评分:

1 新开发城区可再生能源利用率达到 2.0%,得 3 分;达到 5.0%,得 5 分;达到 7.5%,得 8 分。

2 更新城区合理规模化利用可再生能源,得 5 分,可再生能源利用率达到 0.5%,得 8 分。

【条文说明扩展】

本条的可再生能源主要包括风能、太阳能、小水电、生物质能、地热能和海洋能等,且只包括城区范围内安装和利用的可再生能源,不包括外电网中贡献给城区的可再生能源。

对城区进行可再生能源规划,必须先勘查和评估所在区的资源情况,包括太阳能辐射量、风力资源量、地热能资源、地表水能等,并分析计算城区内可利用的资源量,如可利用的屋顶面积、可利用的太阳能辐射资源量等,并基于资源评估、能源供需规律等,确定合理的可再生能源综合利用规划。

可再生能源利用率的计算公式如下:

$$可再生能源利用率(\%)=\frac{可再生能源利用总量(tce)}{城区一次能源消耗总量(tce)}\times100\%$$

城区可再生能源利用总量是指城区内年度利用的各种可再生能源(如太阳能生活热水、太阳能光伏发电、地源热泵、风力发电等)折算成一次能源消耗量的总和,单位是吨标煤。计算可再生能源利用率时,需分类型列出可再生能源的利用量,然后折算成一次能源消耗。

对于可再生能源提供生活热水(如太阳能生活热水),对采用该系统的每个项目进行单独核算,以全年为周期,计算得到可再生能源提供生活热水的加热量 Q_{wi},然后将所有应用该系统的项目的 Q_{wi} 累加得到 $\sum Q_w$,最后再按照 $1kgce=29.3MJ$ 的换算方式将热量折算成标煤,即可得到可再生能源提供生活热水折算成的一次能源消耗量。

对于可再生能源发电系统(如太阳能光伏发电、风力发电系统等),对采用该系统的每个项目进行单独核算,以全年为周期,计算得到可再生能源发电量 Q_{ei},然后将所有应用该系统的项目的 Q_{ei} 累加得到 $\sum Q_e$,最后再按照 $1kW \cdot h=0.288kgce$ 的换算方式折算成标煤,即可得到可再生能源发电量折算成的一次能源消耗量。

对于可再生能源提供的空调用冷/用热量(土壤源热泵系统、地表水源热泵系统等),前提条件是:地源、污水源等热泵系统综合 COP 满足冬季不小于 2.6,夏季不小于 3.0;空气源热泵系统 IPLV(C)不小于 3.3。对于超过前提条件规定 COP 限值的部分,对采用该系统的每栋建筑进行单独核算,以全年为周期,计算得到夏季供冷量 Q_{ci} 和冬季供热量 Q_{hi},然后将所有应用该系统的建筑的 Q_{ci} 和 Q_{hi} 累加得到 $\sum Q_c$ 和 $\sum Q_h$,最后再按照 $1kgce=29.3MJ$ 的换算方式将冷热量折算成标煤,即可得到可再生能源提供空调供冷供热量折算成的一次能源消耗量。

"城区一次能源消耗总量"是指城区内消耗的各种能源折算成一次能源消耗量的总和,主要包括民用建筑、市政设施消耗的各种能源,如电力、燃气、油等,单位是吨标煤,不包含人员采用公共交通、轨道交通及汽车等交通出行的能耗及工业能耗。

对于各种能源的一次能源折算系数可以参考表 7.2.2。

表 7.2.2　各种能源的一次能源折算系数

能源种类	标煤换算系数		能源种类	标煤换算系数	
电力	0.288	kgce/(kW·h)	热水(95/70℃)	0.0341	kgce/MJ
天然气	1.29971	kgce/m³	热水(50/40℃)	0.0341	kgce/MJ
人工煤气	0.54286	kgce/m³	饱和蒸汽(1.0 MPa)	0.0341	kgce/MJ
汽油	1.4714	kgce/kg	饱和蒸汽(0.4MPa)	0.0341	kgce/MJ
柴油	1.4571	kgce/kg	饱和蒸汽(0.3MPa)	0.0341	kgce/MJ
原煤	0.7143	kgce/kg			

考虑更新城区在可再生能源利用方面的局限性,单独设条款对其进行相应规定。对于更新城区,在进行充分可行性论证后,合理进行太阳能热水、太阳能光伏、水源热泵等的规模化利用,则可得 5 分;对于条件适合且可再生能源利用规模较大,可再生能源利用率达到 0.5%,可得 8 分。

【具体评价方式】

本条适用于规划设计评价、实施运管评价。

规划设计评价查阅项目所在地的能源调查与评估资料（包括太阳能辐射量、风力资源量、地热能资源，并分析计算城区内可利用的资源量，如可利用的屋顶面积、可利用的太阳能辐射资源量等）、能源综合利用规划（应包括各类可再生能源的利用形式及规模，并绘制可再生能源利用规划布局图）。

实施运管评价查阅城区能源综合利用实施评估报告、相关的管理文件，并抽样查验可再生能源利用情况。

7.2.3 合理设置区域能源系统，评价总分值为5分，并按下列规则评分：

1 设置集成应用可再生能源的区域能源系统，得5分。

2 利用余热、废热，组成能源梯级利用系统，或采用以供冷、供热为主的天然气热电冷联供系统，一次能源效率不低于150％，得5分。

【条文说明扩展】

第1款要求采用集成利用太阳能、浅层地热能等可再生能源的区域能源系统，如采用燃气锅炉、冷水机组、地源热泵组成的复合能源系统可以得5分；单纯采用常规系统的区域能源系统不能得分，如常规冷水机组和锅炉组成的区域供冷供热系统得0分。

第2款鼓励城区层面利用余热废热资源，单栋建筑层面的余热废热利用不得分。对于有稳定热需求的项目（住宅、酒店或工厂）而言，用自备锅炉房满足蒸汽或生活热水需求，不仅可能对环境造成较大污染，而且其能源转换和利用也不符合"高质高用"的原则，在靠近热电厂、工厂等余热、废热丰富的地域，鼓励规模化利用其余热、废热作为生活热水或供暖系统的热源或预热源，这样做可降低能源消耗，而且也能提高生活热水系统的用能效率。

分布式热电冷联供系统为区域提供电力、供冷、供热（包括热水）三种需求，实现能源梯级利用。在应用分布式热电冷联供技术时，必须进行科学论证，从负荷预测、系统配置、运行模式、经济和环保效益等多方面对方案进行可行性分析，系统设计满足相关标准的要求。分布式热电冷联供系统的一次能源效率计算见图7.2.3。

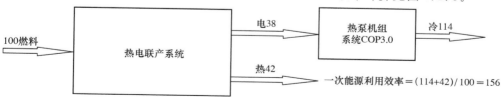

图7.2.3 分布式热电冷联供系统的一次能源效率示意图

根据图 7.2.3,分布式热电冷联供系统发的电需要驱动热泵机组或冷水机组以充分发挥其优势,这样可使系统的一次能源利用效率最大化。

【具体评价方式】

本条适用于规划设计、实施运管评价。对于第 2 款,单个地块利用余热、废热资源的情况,本款不得分,至少覆盖两个街坊且集中利用余热废热资源本款才可得分。对于第 2 款,本条的指标要求为:分布式热电冷联供系统覆盖的公共建筑面积比例不少于总的公共建筑面积的 20%,一次能源利用效率不低于 150%。

规划设计评价查阅能源综合利用规划、区域能源系统及余热废热利用系统(或天然气热电冷联供系统)可行性研究报告、设计方案及相关的图纸文件,审查其中区域能源系统的应用范围、规模、系统配置、系统效率等,以及能源站的位置及用地面积等。

实施运管评价查阅相关区域能源系统的运行记录、运行评估报告等,并现场核查。

7.2.4 合理进行建筑节能设计或节能改造,并取得显著节能效果,评价总分值为 10 分,并按照下列规则分别评分并累计:

1 新建建筑的能耗比本市现行节能设计标准规定值降低 15% 以上。能耗降低 15% 的新建建筑面积比例达到 10%,得 5 分;达到 20%,得 7 分。

2 既有建筑节能改造符合现行上海市工程建设规范《既有居住建筑节能改造技术规程》DG/TJ 08—2136 和《既有公共建筑节能改造技术规程》DG/TJ 08—2137 的相关要求,能耗降低 15% 的既有建筑节能改造面积比例达到 10%,得 3 分。

【条文说明扩展】

目前已有《公共建筑节能设计标准》GB 50189、《夏热冬冷地区居住建筑节能设计标准》JGJ 134、《公共建筑节能设计标准》DGJ 08—107、《居住建筑节能设计标准》DGJ 08—205 等国家、行业和上海市标准对新建建筑的节能设计明确规范要求,并提出了围护结构热工性能、采暖空调系统性能等方面的节能设计要求。此外,上海市也发布了《既有居住建筑节能改造技术规程》DG/TJ 08—2136、《既有公共建筑节能改造技术规程》DG/TJ 08—2137 对既有建筑提出了围护结构、暖通空调、电力与照明系统等方面的节能指导。

为了实现绿色生态要求,应注重建筑的节能。故本条鼓励新建建筑在设计时执行更高的标准,既有建筑进行节能改造。

第 1 款分阶段进行评价。规划设计评价采用新建建筑能耗比市节能设计标准规定值降低 15% 以上方式进行评价;实施运管评价采用新建建筑能耗比市相关合理用能指南规定的合理值降低 15％以上方式进行评价。具体为：

（1）规划设计评价关注的是设计能耗降低，设计能耗降低 15％的基准能耗值是上海市现行相关的节能设计标准。建筑的设计能耗是指采用国家或行业认可的能耗分析工具，其他条件不变（建筑的外形、内部的功能分区、气象参数、建筑运行时间表、室内供暖空调设计参数、供暖空调系统的运行时间表、照明和动力设备的运行时间表等），按照本市建筑节能设计标准规定的围护结构热工性能参数（如外墙和屋面的传热系数、外窗幕墙的传热系数和遮阳系数）、供暖空调系统性能（冷热源能效、输配系统和末端方式等）、照明系统性能进行计算得到的能耗值。设计能耗比本市现行节能设计标准规定值降低 15％是指通过提高围护结构热工性能、采暖空调系统性能、照明系统性能从而使建筑的设计能耗降低 15％以上。

（2）实施运管评价关注的是实际运行能耗，实际运行能耗降低 15％的基准是《市级机关办公建筑合理用能指南》《星级饭店建筑合理用能指南》《大型商业建筑合理用能指南》《综合建筑合理用能指南》等一系列建筑用能标准规定的合理值，即要求对城区内建筑的能耗进行统计，并要求一定比例建筑的能耗在合理值的基础上再降低 15％。

本条第 2 款，规划设计阶段，首先对城区内的既有建筑进行梳理，确定重点节能提升的既有建筑项目清单；其次所有实施节能改造的既有建筑均应符合现行上海市工程建设规范《既有居住建筑节能改造技术规程》DG/TJ 08－2136 和《既有公共建筑节能改造技术规程》DG/TJ 08－2137 相关要求，对于确定的重点节能提升的既有建筑，应制定既有建筑节能改造需达到的节能目标，并制定改造实施方案。实施运管阶段，审查实施节能改造的既有建筑项目的改造总结报告、能耗分析报告及相关账单。

【具体评价方式】

本条适用于规划设计、实施运管评价。对于不涉及既有建筑节能改造的城区，第 2 款不参评。

规划设计评价查阅控制性详细规划文件、能源综合利用规划等文件，审查其中新建建筑节能规划布局、既有建筑节能改造规划布局以及各个地块的绿色生态控制指标表。

实施运管评价查阅城区的相关节能管理文件、能耗统计报告、既有建筑节能改造效果分析报告，并抽样查验新建建筑节能设计落实情况、既有建筑节能改造项目的运行情况。

7.2.5 市政公用设施采用高效的系统和设备，评价总分值为 5 分，并按下列规则分别评分并累计：

1 新开发城区内道路照明、景观照明、交通信号灯等采用高效灯具和光源的比例达到100%,或更新城区内采用高效灯具和光源的比例达到50%,得3分。

2 新开发城区内市政给排水的水泵及相关设备等采用高效设备的比例达到90%,或更新城区内采用高效设备的比例达到50%,得2分。

【条文说明扩展】

城区内除了建筑、工业的能源消耗外,市政公用设施系统的能源消耗所占比重也不小,如市政给排水的水泵(市政给水泵、污水泵、雨水泵等)及相关设备、交通信号灯、道路照明、景观照明等。目前市场上有很多节能产品,如LED灯具、节能型水泵等,绿色生态城区鼓励采用高效节能的系统和设备。对于行业内有能效标识的产品,应采用节能等级的产品。如市政照明灯具应满足现行国家标准《道路和隧道照明用LED灯具能效限定值及能效等级》GB 37378中2级能效的要求;水泵、风机等设备应满足现行国家标准《清水离心泵能效限定值及节能评价值》GB 19762、《通风机能效限定值及能效等级》GB 19761的节能评价值要求。

考虑到更新城区内市政基础设施相对老旧,无法用新开发城区的标准对其要求,但为了引导城市更新时以高标准对老旧设施进行更新,也对高效系统和设备应用提出了一定的比例要求。

【具体评价方式】

本条适用于规划设计、实施运管评价。评价时,应急设备(如消防水泵、潜水泵等)不纳入统计计算范围。

规划设计评价查阅能源综合利用规划,审查其中对市政照明灯具、交通信号灯及水泵等设施的节能性指标要求及相关措施。对于第1款,要求市政道路照明、景观照明及交通信号灯等应用节能等级产品的比例均应达到标准要求比例。

实施运管评价查阅市政照明灯具、交通信号灯及水泵等设施的竣工资料、设施设备的工程材料清单等,并现场核查。

Ⅱ 水资源

7.2.6 城区供水管网实行用水分级、分项计量,评价总分值为6分,并按下列规则分别评分并累计:

1 实行分级计量,得2分。

2 按付费或管理单元,分别设置用水计量装置,统计用水量,得2分。

3 市政绿化、景观、道路等用水,全面实行用水计量,统计用水量,得2分。

【条文说明扩展】

本条第1款对城市供水管网提出分级计量的要求。现有的城市供水管网一般采用二级计量系统,首级为出厂水量计量,计量点一般位于二级泵房出水管上,用以考核出厂水量,有时还可为出厂补充消毒工艺服务;尾级为用户用水计量,计量点一般位于用户前的进水管上。实行分级计量,就是在现有城市管网布局的基础上,根据供水管网的结构,在大口径输水管网和小口径配水管网之间再增设一级计量系统,将计量点设在输水管网分接口处的配水管网上。通过分级计量,将大面积的管网系统划分为数量众多的小区域,可以更加有效节水及控制漏损。

本条第 2 款中"付费或管理单元"是指供水企业对用户实施收费或管理划分的单元。对于住宅,"付费或管理单元"是指每户居民。对于办公楼、商业建筑,"付费或管理单元"是指以物业为管理单元的每栋楼。

供水企业按付费或管理单元情况,对不同用户的用水实施管理,分别设置用水计量装置,统计用水量,并据此施行计量收费,以实现"用者付费",达到鼓励行为节水的目的。用水计量应符合《上海市供水调度、水质、贸易计量管理规定》《上海市供水管理条例》《上海市计量监督管理条例》等相关规定,取水单位或个人也应当依照国家技术标准安装计量设施,保证计量设施正常运行。

本条第 3 款对市政绿化、景观、道路等用水提出分项计量要求。自 2015 年 1 月 1 日起,上海市中心城区全面施行市政市容绿化用水定点取水计量收费。水务集团安装市政、市容、绿化等公益定点取水专用装置,在和用水单位签订供水合同后,向用水单位统一发放取水 IC 卡,定点取水、刷卡用水、计量收费。市政消火栓消防专用,公益用水一律禁止从消火栓中取水。为加强公益用水管理,实现既促进节约用水又加强消火栓管理的目标,本条要求城区将市政绿化、景观、道路等用水列入计量。

【具体评价方式】

本条适用于规划设计、实施运管评价。

对于第 1 款,至少有三级水表才可得分,传统的二级计量系统得 0 分。对于第 3 款,公园景观用水应设专门管路,且安装计量水表,市政绿化、道路等用水若无专门管路,应设带水表的加水栓,本条才可得分。

规划设计评价查阅给水系统规划、水资源综合利用规划,审查城区供水管网用水分级计量方案及水表设置示意图。

实施运管评价现场查阅水资源综合利用实施情况评估报告、年用水计量记录、用水管理情况报告、供水合同等相关文件,并现场核查。

7.2.7 采取有效措施降低供水管网漏损,评价总分值为 9 分,并按下列规则分别评分并累计:

1 新开发城区全面实施"管水到表",或更新城区逐步实施"管水到表",得 2 分。

2 采用高性能管材管件,得 2 分。

3 采用先进的供水管网管理技术,得 2 分。

4 城区供水管网漏损率不大于10％或低于现行行业标准《城市供水管网漏损控制及评定标准》CJJ 92规定的修正值1％，得3分。

【条文说明扩展】

本条旨在通过降低供水管网漏损，减少水资源浪费。管网漏损水量包括物理漏失、计量损失和其他损失（各种形式的未注册用水和管理性因素导致的水量损失，包括窃水、用户拒查、无档用户用水、抄收和数据处理过程中的未见数水量等）。

本条第1款中"管水到表"是指饮用水从水源地到水龙头由供水企业进行"一体化"管理制度，淘汰老旧水表及管材管件，减少水质污染及漏损。

改变原先供水"大管网"与"小管网"由供水企业与物业"分割管理"的体制，通过政策和相关机制的调整和优化，由供水企业"管水到表"。

本条第2款中新开发城区及更新城区改造区域的自来水管网使用的管材、管件，必须符合产品的国家现行标准的要求。积极推广高性能管材，淘汰传统的钢管和灰口铸铁管。目前较为常见的高性能管材有球墨铸铁管、钢管、HDPE 管、UPVC 管、薄壁不锈钢管等。新型管材和管件应符合有关管理部门的规定、经专家评估或通过鉴定的企业标准的要求；城区各种供水管网，应逐年更换和淘汰国家明令禁用的管材、设备等。

本条第3款中采用先进的供水管网管理技术，如建立供水管网地理信息系统，采用信息技术为自来水管网的规划、建设、管理和维护服务。对突发事件作出快速响应，当管网发生泄漏等突发事故后需要及时处理或抢修时，在快速定位到故障点后，自动建立故障影响范围，为其提出关阀停水方案，报告停水的影响范围和受影响的用户，并发出相应的通知单。对供水量、用水量、日常调度指令等进行管理，如果出现紧急事故有据可查，便于制定相应的方案，为"安全供水、优质服务"提供技术依据。

本条第4款中供水水管的漏损率计算公式如下（该公式参考《上海市降低供水管网漏损率、产销差率行动指南》）：

$$漏损率（\%）=\frac{漏损水量（m^3）}{供水总量（m^3）}\times100\%=\frac{供水总量-售水总量-免费供水量}{供水总量}\times100\%$$

在实施运管评价时，如果规划范围内自来水供应不是独立管网系统，且不能提供本城区的相关支撑数据，审查时按所在区的自来水管网"平均漏损率"评价。

【具体评价方式】

本条适用于规划设计、实施运管评价。

评价时，本条主要考察范围为新开发城区或更新城区的改造区域，对于更新城区未改造区域暂不作要求。对于第4款，规划设计阶段以"目标管网漏损率"为考核对象，水资源综合利用规划中应包含管网漏损率指标及相应的规划措施；实施运管阶段则需直接提交由当地供水部门确认的实际管网漏损率。如果区域范围内自来水供应不是独立管网系统,当地供水部门无法提供参评城区的管网漏损率,则有两种方式可供选择:①按符合现行行业标准《城市供水管网漏损控制及评定标准》CJJ 92 的水平衡计算要求的分项计量数据计算得出,其分项计量数据应由当地供水部门提供,或得到当地供水部门确认;②按城区所在区的自来水管网"平均漏损率"评价,并应提供相关证明材料。

规划设计评价查阅供水专业规划、水资源综合利用规划等文件,审查供水管网控制漏损的措施及其合理性。

实施运管评价查阅水资源利用实施情况评估报告、供水管理网漏损率计算书,审查供水企业落实"管水到表"情况、供水管网系统运行情况、相关系统的日常运行日志以及供水管网漏损率计算过程,并现场核查。

7.2.8 合理利用非传统水源,评价总分值为 7 分,并按照下列规则评分:

1 新开发城区非传统水源利用率达到 5%,得 5 分;达到 8%,得 7 分。

2 更新城区非传统水源利用率达到 3%,得 5 分;达到 5%,得 7 分。

【条文说明扩展】

非传统水源包括再生水、雨水、海水等。《上海市加快实施最严格水资源管理制度试点方案》(水资源〔2012〕441 号)提出"鼓励建设沿河取水设施,对河水经过处理达到相关标准后用于绿化灌溉以替代部分自来水"。上海市鼓励河道水、雨水等非传统水源的开发利用,故本条中的非传统水源包括再生水、雨水、海水和河道水。

当城区临近河道时,在获得水务及河道等管理部门批准的前提下,可采用河道水作为非传统水源。取用河道水应计量,河道水的取水量应符合有关部门的许可规定,不应破坏生态平衡。

非传统水源利用率可通过下列公式计算:

$$R_u = \frac{W_u}{W_s} \times 100\%$$

$$W_u = W_r + W_s + W_h + W_o$$

式中:R_u——非传统水源利用率(%);

W_u——非传统水源利用量(m³/a);

W_r——雨水利用量(m³/a);

W_s——海水利用量(m³/a);

W_h——河道水利用量(m³/a);

W_o——其他非传统水源利用量(m³/a);

W_t——用水总量(m³/a)。

在根据标准所列公式计算时,需注意:各项非传统水源的设计利用量均为年用水量,应由平均日用水量和用水时间计算得出,取值详见现行国家标准《民用建筑节水设计标准》GB 50555;实施运管阶段,各项的实际利用量应通过统计全年水表计量的情况计算得出。

非传统水源利用率应在水量平衡的基础上计算,并考虑全年的水量变化。当可提供的某项非传统水源量大于用水需求时,该项设计利用量应取为用水需求量;当可提供的某项非传统水源水量小于用水需求量时,该项设计利用量才是可提供的非传统水源水量。

【具体评价方式】

本条适用于规划设计、实施运管评价。对于第 2 款,本条只评价更新城区的改造区域。

规划设计评价查阅水资源综合利用规划、所在区主管部门的许可及非传统水源利用率计算书,审查非传统水源利用方案,雨水、河道水的应用范围及非传统水源利用率计算过程。

实施运管评价查阅水资源利用实施情况评估报告、自来水和非传统水源计量台账、非传统水源利用计算书等相关文件,并现场核查。

7.2.9 建设节水型社区(小区)、节水型企业(单位),评价总分值为 8 分,并按下列规则分别评分并累计:

1 城区人口综合用水量不高于现行行业标准《城市综合用水量标准》SL 367 中的上限值和下限值的平均值,得 2 分。

2 节水型社区(小区)覆盖率达到 10%,得 2 分;达到 15%,得 3 分。

3 节水型企业(单位)覆盖率达到 15%,得 2 分;达到 20%,得 3 分。

【条文扩展说明】

本条第 1 款中城区人口综合用水量[单位:$m^3/(人·a)$]是指城区人口每年每人的用水量,即城区用水总量除以城区的人口数。城区用水总量是指城区范围内,由公共供水系统以及自建供水设施提供的居民生活、公共服务、生产运营、消防和其他特殊用水的总用水量。城区的人口指常住人口。在现行行业标准《城市综合用水量标准》SL 367 分类中,上海市属于Ⅷ区特大城市,城区人口综合用水量指标为 $200\sim265$ $m^3/(人·a)$。

本条第 2 款中节水型社区(小区)是指按《上海市节水型社区(小区)评价指标及考核办法》考评达标的小区。上海市节水型社区(小区)是节水型社会的一个重要组成部分,考核重点为居民小区。《上海市节水型社区(小区)评价指标及考核办法》所指的居民小区是指相对独立的居住单元,是城市居民居住的场所,也称为居住小区,主要用水以生活用水为主。节水型社区(小区)覆盖率是指节水型社区(小区)数占城区社区(小区)总数的比例。当可以获得相关数据时,也可采用节水型社区(小区)居民户数占城区内社区居民总户数的比例来代替。覆盖率计算公式如下:

节水型社区（小区）覆盖率（％）

$$=\frac{节水型社区（小区）数（个）或节水型社区（小区）居民户数（户）}{城区社区（小区）总数（个）或城区社区（小区）居民总户数（户）}\times100\%$$

本条第 3 款中节水型企业（单位）是指按《上海市节水型企业（单位）评价指标及考核办法》考评达标的企业（单位）。企业（单位）是指相对独立的企业（单位），从事第二产业、第三产业的单位。企业（单位）以生产生活用水为主，也包括附属设施的用水。节水型企业（单位）覆盖率是指节水型企业（单位）数占城区企业（单位）总数的比例，当可以获得相关数据时，也可以采用节水型企业（单位）年用水量占城区企业（单位）用水总量的比例。节水型企业（单位）覆盖率按下式计算：

$$节水型企业（单位）覆盖率（％）=\frac{节水型企业（单位）数（个）}{城区企业（单位）总数（个）}\times100\%$$

或

$$节水型企业（单位）覆盖率（％）=\frac{节水型企业（单位）年用水总量（m^3）}{城区企业（单位）用水总量（m^3）}\times100\%$$

【具体评价方式】

本条适用于实施运管评价。

实施运管评价查阅城区内人口综合用水量统计报告、节水型社区（小区）及节水型企业（单位）名录和相关覆盖率计算书等文件。

Ⅲ　固废和材料资源

7.2.10　对固体废物进行资源化利用，评价总分值为 10 分，并按下列规则分别评分并累计：

1　生活垃圾资源化利用率达到 60％，且废塑料回收利用率达到 75％，得 5 分。

2　建筑垃圾资源化利用率达到 50％，且建筑废弃混凝土再生建材的替代使用率达到 10％，得 5 分。

【条文说明扩展】

鼓励固体废物资源化利用，以减少城区建设和运管过程中因废物排放对环境质量产生的影响，并减少天然材料资源的消耗。《标准》第 7.1.2 条中已经对固废资源化利用方案进行了详细说明，在此处不再赘述；本条重点对生活垃圾和建筑垃圾资源化利用率的计算范围及计算方法进行阐述。

生活垃圾资源化利用率指生活垃圾在收集、处理过程中，采用直接回收利用、垃圾焚烧和厨余垃圾堆肥等手段的资源化利用量占全部废物总量的百分比。此外，还对废塑料的回收利用提出了具体目标要求，主要考虑到一次性使用的废塑料在城市固体废物中所占比重越来越高，故本条加强废塑料回收利用要求。

本条的资源化利用的生活垃圾包括直接回收利用的垃圾、焚烧发电的垃圾和生化处理的有机垃圾等。回收利用的废塑料包括采用材料循环、化学循环和能量回收三种技术回收的废塑料。生活垃圾资源化利用量和废塑料回收量等相关数据可参考上海市及所在区市容环境卫生管理部门的相关统计数据。相关计算公式如下：

$$生活垃圾资源化利用率(\%) = \frac{资源化利用的生活垃圾总量(t)}{城区生活垃圾总量(t)} \times 100\%$$

$$废塑料回收利用率(\%) = \frac{废塑料回收量(t)}{城区废塑料产生总量(t)} \times 100\%$$

建筑垃圾资源化利用率是指资源化利用的建筑垃圾总量占建筑垃圾总量的比例。资源化利用的建筑垃圾主要指转变成再生骨料及其制品再生砖、再生砌块、再生混凝土等建筑材料的建筑垃圾。《上海市建筑垃圾处理管理规定》（沪府令 57 号）明确规定了上海市实施建筑垃圾资源化利用产品的强制使用制度，建设单位、施工单位应按规定使用建筑垃圾资源化利用产品。

建筑垃圾资源化利用率和建筑废弃物混凝土再生建材的替代使用率计算公式如下：

$$建筑垃圾资源化利用率(\%) = \frac{资源化利用的建筑垃圾总量(t)}{城区建筑垃圾总量(t)} \times 100\%$$

$$建筑废弃混凝土再生建材的替代使用率(\%)$$
$$= \frac{建筑废弃物混凝土再生建材使用总量(t)}{同类建筑材料使用总量(t)} \times 100\%$$

建筑垃圾资源化利用产品主要包括再生粗骨料、再生细骨料、再生粉、废石膏板、塑料、木材和金属等，见表 7.2.10。建筑废弃物混凝土再生建材指建筑废弃混凝土掺加量在 10% 以上，且符合相关产品标准和使用规定的建材产品。本市规定施工单位在施工现场按照有关要求，对废物混凝土进行单独堆放，由符合条件的建筑废弃混凝土资源化利用企业组织收集运输，加工制成再生骨料及粉料，并用于再生建材中。

表 7.2.10　建筑垃圾资源化利用技术统计

资源化利用	规格	适用标准	应用领域
再生粗骨料	单粒级：5mm～10mm，10mm～20mm，16mm～31.5mm 连续级配：5mm～16mm，5mm～20mm，5mm～25mm，5mm～31.5mm	《混凝土用再生粗骨料》GB/T 25177－2010	房建、市政、水工等领域再生混凝土及其制品行业

资源化利用	规格	适用标准	应用领域
再生细骨料	粒径≤4.75mm	《混凝土和砂浆用再生细骨料》GB/T 25176—2010	房建、市政、水工等领域中再生混凝土及其制品行业
		《再生砂粉应用技术规程》DB 31/T 894—2015	房建领域预拌砂浆行业
再生粉	0～0.08mm	《混凝土和砂浆用再生微粉》（在编）	房建、市政、水工等领域中再生混凝土及其制品行业
废石膏板	废旧石膏板	—	与生石膏混掺煅烧再用于石膏类建材生产（掺量不宜过高）
塑料	PVC、PE、ABS等各种塑料混杂	—	填埋、焚烧（2018年1月1日起实施的《废塑料综合利用行业规范条件》对回收的废旧塑料，"不得倾倒、焚烧与填埋"）
	再生塑料粒子（PVC、PE、ABS等各组分经粉碎、分选后，分别改性造粒）	—	各种塑料制品（不得用于食品包装）
木材	废木材	《废弃木质材料回收利用管理规范》GB/T 22529—2008	木炭等木质化学加工品以及人造板、燃料等
金属	废钢筋、废铁等	—	加工提炼再利用

【具体评价方法】

本条适用于规划设计、实施运管评价。

规划设计评价查阅固体废物资源化利用方案及相关设计文件，审查生活垃圾资源化利用方案、建筑垃圾资源化利用方案（应含建筑垃圾资源化利用中心的布局、规模等信息），并核实相关计算比例。

实施运管评价查阅城区固体废物资源化利用实施情况评估报告，审查生活垃圾和建筑垃圾的资源化利用目标完成情况以及相关设施的运营情况，并现场核查。

7.2.11 合理使用绿色建材，绿色建材应用比例达到50%，评价分值为10分。获得评价标识的绿色建材的应用比例达到5%，得5分；达到10%，得10分。

【条文说明扩展】

现行上海市工程建设规范《绿色建材评价通用技术标准》DG/TJ 08—2238中，

绿色建材是指在全生命周期内减少对天然资源消耗和生态环境影响,具有"节能、减排、安全、便利和可循环"特征的建材产品。绿色建材的应用是绿色生态城区创建的重要内容之一。其计算公式如下:

$$绿色建材应用比例(\%)=\frac{绿色建材应用量(t)}{城区建材应用总量(t)}\times100\%$$

绿色建材评价标识行动是促进绿色建材推广应用的重要措施,《绿色建材评价标识管理办法》(建科〔2014〕75号),依据绿色建材评价技术要求,对申请开展评价的建材产品进行评价,确认其等级(一星级、二星级和三星级)并进行信息性标识。住房城乡建设部、工业和信息化部《关于印发〈绿色建材评价标识管理办法实施细则〉和〈绿色建材评价技术导则(试行)〉的通知》(建科〔2015〕162号),确定了推动和应用绿色建材的总体要求、行动目标和重点任务。

评价时,获得标识的绿色建材是指通过《绿色建材评价技术导则(试行)》或上海市工程建设规范《绿色建材评价通用技术标准》DG/TJ 08-2238认证的产品,主要有混凝土、砂浆、砌块、建筑节能玻璃、陶瓷砖、卫生陶瓷、建筑外墙水性涂料等。产品是否为获得评价标识的绿色建材,可在全国绿色建材评价标识管理信息平台查询,或查询通过本市绿色建材评价标识备案机构单位审核认证的绿色建材名录。

获得评价标识的绿色建材产品的应用比例计算公式如下:

$$获得评价标识的绿色建材的应用比例(\%)=\frac{获得评价标识的绿色建材总量(t)}{绿色建材应用总量(t)}\times100\%$$

【具体评价方式】

本条适用于规划设计、实施运管评价。

规划设计评价查阅绿色建材管理办法、绿色生态专业规划等文件,审查绿色建材应用和获得标识的绿色建材应用相关的目标及实施方案。

实施运管评价查阅绿色建材管理办法、绿色建材应用比例计算书、绿色建材及获得标识的绿色建材的应用重点项目列表等文件,并现场核查。

7.2.12 路基路面合理采用生态、环保型材料,应用比例达到20%,评价总分值为5分。

【条文说明扩展】

鼓励采用生态、环保型绿色道路建设材料,减少材料在建设过程中的能耗。选用再生性好、可循环利用的建设材料,减少对环境的污染。提高循环利用和再生材料的利用比例,减少不可再生资源的使用。选取建设材料时应尽量采用当地材料,减少对环境的影响。采用高性能、高耐久性建设材料,延长设施的使用寿命,降低后期维护和能耗。

生态、环保型材料包括但不限于以下材料:

1. 温拌沥青混合料:温拌沥青混合料通过降低沥青混合料拌和与摊铺温度,达到降低沥青混合料生产过程中的能耗与二氧化碳气体及粉尘排放量的目的。由于温拌沥青混合料的拌和温度比普通热拌沥青混合料低30℃~50℃,因此可节约能源消耗,减少二氧化碳排放量。温拌沥青混合料可作为新建路面材料应用于长隧道路面施工、超薄层罩面和桥面铺装等。

2. 透水降噪路面材料:透水降噪路面采用大孔隙沥青混合料或水泥混凝土作为路面结构层,雨天路表不易积水,减少路表径流,提高车辆行驶或行人出行的安全性与舒适性,同时大孔隙具有较好的吸声效果,可显著降低路面与车辆作用噪声。

3. 高性能路面材料:高性能路面材料是通过一系列改性工艺技术使路面材料的使用性能得到大幅度提高,如高模量沥青、高黏度沥青以及高弹性沥青等材料,可以有效提高路面在多种条件下的使用性能,减少路面病害,延长其使用寿命,从而降低路面后期的养护成本和频率。

4. 再生沥青混合料:将需要翻修或者废弃的旧沥青路面,经过翻挖、回收、破碎、筛分,再和新集料、新沥青适当配合,重新拌和成为具有良好路用性能的再生沥青混合料,用于铺筑路面面层或基层。提高沥青路面再生利用率能够节约相应数量的沥青和砂石材料,同时能有效降低处置废料的能耗。

5. 橡胶(塑料)沥青:将橡胶、塑料等固体废物通过一系列工艺加入沥青中,经过搅拌制备成具有改性沥青特性的橡胶(塑料)沥青。橡胶(塑料)沥青可减轻"黑色污染",作为低碳型沥青改性剂提高路用性能,减少传统高碳型SBS改性剂的使用量,并可使废旧材料循环利用,节约能源,减少二氧化碳排放。

6. 建筑垃圾固结路用材料:建筑垃圾固结路用材料是指通过添加固结剂等技术方法,使建筑垃圾能够固结成用于铺筑道路路基的材料。

7. 长寿命路面材料:通过采用全厚式沥青层或者深层高强沥青层的方法,可以基本消除传统普遍存在的结构性损坏,路面的损坏只发生在沥青路面的表层,因此只需要定期的表面铣刨、罩面修复,在使用年限内不需要进行大的结构性重建。使用长寿命路面结构,可以使道路建设在全寿命周期内节约建设材料,降低能耗。

路基路面采用生态、环保型材料应用比例计算公式如下:

路基路面采用生态、环保型材料应用比例(%)

$$= \frac{采用生态、环保型材料铺装的路基路面面积(m^2)}{路基路面总面积(m^2)} \times 100\%$$

式中的路基路面指市政道路路基路面,不含地块内的路基路面。

【具体评价方式】

本条适用于规划设计、实施运管评价。

规划设计评价查阅绿色交通专项规划、绿色生态专业规划等规划文件,审查生态、环保型材料应用目标、应用布局图、应用比例计算结果等,有条件的还应查阅路基路面铺装图,审查路基路面铺装材料列表(含道路名称、铺装材料类型、面积等)。

实施运管评价查阅路基路面铺装材料列表,生态、环保型材料应用比例计算书等,并现场核查。

7.2.13 通沟污泥、污水处理厂污泥科学处理,无害化处理率100%,评价分值为3分。通沟污泥资源化利用率达到30%,或污水处理厂污泥资源化利用率达到20%,得3分。

【条文说明扩展】

通沟污泥是雨污水管道排水管道日常养护中疏通清捞出的沉积物,既包括污水管道中的工业废水、生活污水中的颗粒物和杂质,也包括雨水管道中随雨水流入管道的道路降尘和路面垃圾,还包括个别建设工地违规排放的泥浆。

污水处理厂污泥是指污水处理过程中产生的沉淀物质,混入生活或工矿废水中的纤维、泥沙、动植物残体等固体及其各种胶体、絮状物、有机质及吸附的金属元素、病菌、微生物、虫卵等物质的综合固体,表现为颗粒较细、比重较小、悬浮物质呈胶状结构,具有很强的亲水性,不易脱水。住房城乡建设部设要求污泥在进行填埋、利用前,须按现行国家标准《城镇污水处理厂污染物排放标准》GB 18918的规定进行稳定化处理。

污泥的资源化利用形式包括制作成建筑材料、堆肥、制作成燃料等。污泥的资源化利用率是指经过减量化、无害化处理以后,末端污泥资源化利用的重量占末端污泥总重量的比例。污泥资源化应用于建筑方面得到了较好的发展,如采用城市污泥为部分原料制备了黏土烧结普通砖、以污泥为部分原料制备生态水泥;同时污泥资源化利用也在水处理方面得到了初步应用,如以污泥为原料,分别在一定条件下制作吸附剂、滤料和填料回用于污水处理;用城市污水厂化学与生物混合污泥为原料,可以制备出性能较好的吸附剂;以石化剩余污泥、粉煤灰、河道底泥、废玻璃粉及黏土为原料,经煅烧生产水处理滤料;以污泥和黏土作为主要原料,粉煤灰作为添加剂可以烧制出性能良好的用于水处理填料的超轻陶粒。同时,通沟污泥的成分相对于污水处理厂污泥的成分的复杂度更小些,因此,其资源化利用面更广。通沟污泥资源化利用率和污水处理厂污泥资源化利用率的计算公式如下:

$$通沟污泥资源化利用率(\%) = \frac{资源化利用的通沟污泥总量(t)}{城区通沟污泥总量(t)} \times 100\%$$

$$污水处理厂污泥资源化利用率(\%) = \frac{资源化利用的污水处理厂污泥总量(t)}{城区污水处理厂污泥总量(t)} \times 100\%$$

【具体评价方法】

本条适用于规划设计、实施运管评价。

评价时,城区若无污水处理厂,则仅评价通沟污泥的资源化利用情况。

规划设计评价查阅固体废物资源化利用方案,审查污泥产生量、污泥资源化利用目标、污泥资源化利用设施的布局、污泥资源化利用方案的环境影响评估结果等。

实施运管评价查阅固体废物资源化利用实施情况评估报告、污泥资源化利用设施运行报告、污泥资源化利用率计算书,审查通沟污泥资源化利用设施的运行日志,并现场核查。

Ⅳ 碳排放

7.2.14 城区碳排放指标达到所在地区的减碳目标,得 8 分。

【条文说明扩展】

碳排放指标的产生源于对核算各国温室气体减排量的需求,最初的评价见于《联合国气候变化框架公约》(UNFCCC)下各国温室气体排放量的计算。在温室气体排放评价中,国际上逐步形成了国别排放指标、人均排放指标、单位 GDP 排放指标、国际贸易排放指标等,形成了从多个角度评价各国温室气体排放状况的指标体系。另外,还有学者从公平衡量各国温室气体排放量的角度提出了"累积人均排放量指标""人均单位 GDP 排放量指标"等新的指标。从城区发展角度看,相适宜的评价指标主要包括人均二氧化碳排放量和地均二氧化碳排放量两个指标。

人均二氧化碳排放指标关注的是以人为核心的排放量评价,反映的是人均占有全球共同资源的情况,可以说是基于公平发展机会的温室气体排放评价。人均二氧化碳排放量是指绿色生态城区内每年总的人口活动(生产和消费)排放的二氧化碳总量除以城区总人口数,单位为 $tCO_2e/$人,计算公式如下:

$$人均二氧化碳排放量(tCO_2e/人)=\frac{城区排放的二氧化碳总量(tCO_2e)}{城区常住人口数量(人)}$$

地均二氧化碳排放量关注城区主要管控基数—建设用地的碳排放量评价,主要反映的是单位建设土地上一切社会活动的低碳性。地均二氧化碳排放量是指绿色生态城区内每年总的人口活动(生产和消费)排放的二氧化碳总量除以城区总用地面积,单位为 tCO_2e/km^2。计算公式如下:

$$地均二氧化碳排放量(tCO_2e/km^2)=\frac{城区排放的二氧化碳总量(tCO_2e)}{城区总用地面积(km^2)}$$

单位 GDP 二氧化碳排放量关注的是以城区经济活动为核心的碳排放量评价,主要反映的是创造经济价值过程中的低碳性。单位 GDP 二氧化碳排放量指绿色生态城区内每年总的人口活动(生产和消费)排放的二氧化碳总量除以城区 GDP,单位 $t/$万元。计算公式如下:

$$单位 GDP 二氧化碳排放量(tCO_2e/万元)=\frac{城区排放的二氧化碳总量(tCO_2e)}{城区 GDP(万元)}$$

《标准》控制项第 7.1.3 条对城区分阶段的减排目标和实施方案作了相应的要求,此处不再赘述。

【具体评价方法】

本条适用于规划设计、实施运管评价。

规划设计评价查阅碳排放清单,审查人均二氧化碳排放量和地均二氧化碳排放量两个指标的计算过程,并与城区所在地区的碳减排目标进行对标。

实施运管评价查阅碳核查报告等相关材料,审查人均二氧化碳排放量和地均二氧化碳排放量指标,并与城区所在地区的碳减排目标进行对标。

8 智慧管理与人文

　　绿色生态城区应加强信息化管理,注重人文精神培育,提升城市精细化管理水平。"智慧管理与人文"有 3 项控制项,16 项评分项。评分项分为智慧管理、绿色人文两个板块,分别有 7 条(50 分)和 9 条(50 分)。

8.1 控制项

8.1.1 城区规划设计、建设与运营过程应组织公众参与。

【条文说明扩展】

　　公众参与是指公众通过直接与政府或其他公共机构互动的方式决定公共事务和参与公共治理的过程。公众参与是实现绿色生态城区规划设计、建设和运管的重要途径,不仅可以有效地提升规划设计的科学性和理性,更好地体现公众的利益需求,而且有助于规划设计顺利实施,城区建设、运行和管理顺利进行,真正做到以人文本。

　　《中华人民共和国城乡规划法》(中华人民共和国主席令第 74 号)规定:

　　第二十六条　城乡规划报送审批前,组织编制机关应当依法将城乡规划草案予以公告,并采取论证会、听证会或者其他方式征求专家和公众的意见。公告的时间不得少于三十日。组织编制机关应当充分考虑专家和公众的意见,并在报送审批的材料中附具意见采纳情况及理由。

　　《上海市城乡规划条例》(上海市人民代表大会常务委员会公告第 28 号)规定:

　　第九条　各级人民政府和规划行政管理部门应当建立城乡规划工作的公众参与制度。城乡规划的制定、实施、修改,应当充分征求专家和公众的意见。

　　《上海市城市总体规划(2017—2035 年)》强调在规划理念上重视让全市人民更多、更公平地享受改革发展成果,拥有更好的生活;在规划方法上重视公共参与。创建绿色生态城区,更离不开社会公众的广泛参与。

　　本条要求城区在创建绿色生态城区的过程中本着"公开、平等、广泛、便利"的原则,在规划设计和建设运营过程中广泛征询公众意见和建议。可采取的方式包括座谈、方案公示、发放调查问卷、专家征询等;其中,绿色生态相关各规划的方案公示累计时间不少于 30 日。此外,还应开通电话、传真、电子邮件等接受公众意见和建议的通道。

【具体评价方式】

　　本条适用于规划设计、实施运管评价。

　　规划设计评价查阅公众参与的记录、公众意见和建议的回复,以及规划设计方案的相应修改说明。

实施运管评价查阅城区建设以及运行过程中收到的公众意见和建议、意见和建议回复以及采取的优化措施等。

8.1.2 应设置能源监测管理系统。

【条文说明扩展】

能源监测管理系统是指将城区建筑物、建筑群或市政设施（泵站、污水处理站等）内的变配电、照明、电梯、空调、供热、给排水等能源使用状况，实现集中监测、管理和分散控制的管理与控制系统，是实现能耗在线监测和动态分析功能的硬件系统和软件系统的统称。它由各计量装置、数据采集器和能耗数据管理软件组成。能源管理系统可对城区内建筑及市政设施的用能情况进行监测，提高整体管理水平。

纳入能源监测管理系统的能源有电力、燃气、燃油、燃煤、自来水、蒸汽、集中能源站提供的冷热量、可再生能源（太阳能、风能等）。绿色生态城区中设有分布式能源中心时，各分布式能源中心的运行信息应接入能源监测管理系统。绿色生态城区的建筑和设施投入运行后，应根据计量得到的各类能源数据分析城区的用能情况，并核算相关的碳排放数据，为第 7.2.14 条中碳排放计算提供依据。

本条强调对绿色生态城区内的各类能源数据进行分析与利用，且建立的能源管理系统信息应与所在区的能源监测平台系统进行对接；当城区规模不大没有条件自建能源监测管理系统时，可以通过与所在区能耗监测平台对接，获得城区的相关数据，以实行管理。

为便于能源数据收集、管理、分析、利用，能源监测管理系统宜具有面向政府管理部门、专业管理机构和终端用户等至少三个界面，政府管理部门可以在系统查看整个绿色生态城区内总的用能、各个子项（建筑用能、道路照明、市政供水等）的用能情况等；专业管理机构则可以利用系统上的运行数据开展相关的分析工作，为城区制定能源政策、能源管理提供技术依据；终端用户可以了解自己的用能情况以及其在城区中所处水平，如果用能偏高，可自行采取节能措施，或者使用专家系统提供的节能方案。

能源管理平台的功能包括但不限于：监控城区各用电、用水、用燃气、用冷热量等支路或设备每日、每周、每月的能耗数据，形成同比、环比分析图；监控城区各用电、用水、用冷热量等支路和设备能耗的变化趋势、关键拐点和异常特征。实现城区用电分项能耗数据统计；当设备或系统的用能超过正常用量时，通过显示或声音方式发出异常用电报警信息；数据采集网关设备运行状态异常报警；城区重点用能设备的运行状态实时监测和异常诊断；城区中对用能系统及设备持续节能优化控制；实现面向公众的能源展示和宣传、教育等。

【具体评价方式】

本条适用于规划设计、实施运管评价。

规划设计评价查阅绿色生态专业规划或智慧城区专业规划、能源监测管理系统实施方案等文件。目前城区可能没有一个涵盖建筑、市政、产业等各个领域的能源监测管理系统,故也可以审查大型公共建筑能耗分项计量系统、居住区能耗信息采集系统和产业用能信息采集系统等分项系统的实施方案。

实施运管评价查阅能源监测管理系统运行评估报告,审查系统运行情况,并现场核查。

8.1.3 社区公共文化设施应免费开放。

【条文说明扩展】

《国家新型城镇化规划(2014—2020 年)》中提出推动新型城镇建设需注重人文城市的建设。逐步免费开放公共服务设施是人文城市建设重点之一,让所有居民都能够享用到各类公共服务设施,体现政府对居民的人文关怀。全国人大常委会于 2016 年 12 月 25 日表决通过了《中华人民共和国公共文化服务保障法》,以法律形式保障了公共文化服务标准化、均等化、专业化发展的要求。

2012 年 11 月 21 日通过的《上海市社区公共文化服务规定》第十九条:"社区公共文化设施内按照国家规定设置的基本公共文化服务项目,应当免费向公众开放。除国家规定的基本公共文化服务项目外,社区公共文化设施内设置的其他文化服务项目可以适当收取费用,收费项目和标准应当经政府有关部门批准,并向公众公示。"

社区公共文化设施指各级人民政府及其文化行政等部门或者社会力量向社区居民提供的公共文化设施和公益性文化服务活动,主要包括图书馆、文化馆(站)、美术馆、科技馆、纪念馆、体育场馆、文化宫、青少年活动中心、妇女儿童活动中心、老年人活动中心、社区(街/镇)文化活动中心。

免费开放有不同的形式:一是指公共空间设施场地的免费开放;二是指与其职能相适应的基本公共文化服务项目健全并免费提供。公共文化设施免费开放可以采取不同形式,如完全免费、每周指定时间免费、对指定人群免费等。以上任意一种形式的免费开放均可。

【具体评价方式】

本条适用于实施运管评价。

实施运管评价查阅城区内社区公共文化设施目录、设施免费开放相关管理文件、免费开放使用情况报告,审查各社区公共文化设施免费开放场地或服务的开放时段和适用对象等内容,并现场核查。

8.2 评分项

I 智慧管理

8.2.1 城区利用大数据、物联网、云计算等现代信息技术推进民生服务智慧化,评价总分值为 10 分。具备政务、交通、环境、医疗等信息服务功能中一项,得 5 分;两项,得 7 分;三项及以上,得 10 分。

【条文说明扩展】

现代信息技术指用于管理和处理信息所采用的各种技术总称,包括微电子技术、光电子技术、通信技术、网络技术、感测技术、控制技术、显示技术等。物联网、云计算等技术是现代信息技术的前沿技术。

由于政务、交通、环境、医疗等信息服务功能均是由城市系统来实现的,故绿色生态城区规划建设时,应引入城市信息服务系统获得相关数据,将城区政务、交通、环境、医疗等各类信息通过移动终端或诱导终端向公众提供服务,满足城区居民了解政策动态、规划出行路径、知晓安全环境水平、选择入诊就医等需求。

本条中"政务、交通、环境、医疗等信息服务功能"指城区内部构建的系统所提供的服务或所在区级系统(城区已纳入其服务范围)提供的服务,即城区自行收集内部信息数据并处理发布或所在区级系统收集城区信息后在城区内部发布。信息服务主要指通过网页网站、移动终端、诱导终端等措施向公众提供各类政务、交通、环境、医疗等信息。政务信息包括城区网上办事、重要决策、规划调整、工程建设、服务体系等信息;交通信息包括道路交通实时拥堵、停车位数量、公交实时到站等信息;环境信息包括大气环境、噪声环境、水环境质量等信息;医疗信息包括网上预约、医疗跟踪服务等信息。

【具体评价方式】

本条适用于规划设计、实施运管评价。

评价时,应重点关注政务、交通、环境、医疗等信息服务功能中的民生服务内容,如果这些板块的信息功能只是为了方便管理,而不是提升民生服务,本条不得分。

规划设计评价查阅智慧城区规划文件,审查其中的民生服务智慧方案。当城区规模不大且不具备独立的行政管辖权时,可以利用上一级系统参与评价,上级系统中具备政务、交通、环境、医疗等信息服务功能且覆盖申报城区时,城区有配套的实施细则,也可根据标准要求得到相应的分值。

实施运管评价查阅智慧城区运行评估报告,审查其中各项信息服务的实施效果,并现场核查。

8.2.2 实行环境质量信息化监测和管理,评价总分值为 10 分,并按下列规则分别评分并累计:

    1 对空气环境质量进行监测和管理,得 3 分。

    2 对主要河流、湖泊进行水环境质量监测和管理,得 4 分。

    3 对主要功能区、道路进行环境噪声监测和管理,得 3 分。

【条文说明扩展】

    住房城乡建设部 2013 年 1 月发布的《国家智慧城市(区、镇)试点指标体系(试行)》中的"智慧环保"对城市环境、生态智慧化管理与服务的建设提出工作要求,具体包含空气质量监测与服务、地表水环境质量监测与服务、环境噪声监测与服务、污染源监控、城市饮用水环境等方面的建设。

    为提升城区内环境质量的管理水平,本条引导绿色生态城区实现环境质量信息化监测和管理,对上一级环保部门提出加强环境质量监测的需求(如根据城区需求适当增加检测点和检测参数),以便对重点大气污染源、河流、道路等进行大气环境、水环境、声环境的污染情况进行实时监测,积累监测数据,分析城区的环境态势,为城区可能出现的大气污染、水污染、噪声污染的应对提供及时、准确信息,保证城区的环境安全。

    收集环境质量数据监测时,若绿色生态城区内部有国家、上海市或所在区设置的环境监测点,可通过适宜渠道获取信息数据用于内部管理,对于设置点位数量不足或无点位设置的城区,可参照现行国家标准《环境空气质量标准》GB 3095 及现行行业标准《环境空气气态污染物(SO_2、NO_2、O_3、CO)连续自动监测系统安装验收技术规范》HJ 193、《环境空气颗粒物(PM_{10} 和 $PM_{2.5}$)连续自动监测系统技术要求及检测方法》HJ 653、《环境空气气态污染物(SO_2、NO_2、O_3、CO)连续自动监测系统技术要求及检测方法》HJ 654、《环境空气颗粒物(PM_{10} 和 $PM_{2.5}$)连续自动监测系统安装和验收技术规范》HJ 655、《环境空气质量监测点位布设技术规范》HJ 664、《水污染源在线监测系统验收技术规范》HJT 354、《水环境监测规范》SL 219、《环境噪声监测技术规范》HJ 640、《功能区声环境质量自动监测技术规范》HJ 906、《环境噪声自动监测系统技术要求》HJ 907 等的规定,合理确定监测方法和监测内容,实时监测城区内部环境质量,并制定大气污染、水污染、噪声污染紧急响应机制,有效控制污染,降低对居民身体、生活的影响。

    空气环境质量监测和管理,应对 SO_2、NO_2、PM_{10}、$PM_{2.5}$、O_3 和 CO 等 6 项指标数据进行监测和管理,并根据国家现行标准进行相应点位的规划布局。

    水环境质量监测和管理,应按照现行国家标准《地表水环境质量标准》GB 3838 规定对 24 项数据进行监测,且包括 pH 值、溶解氧、高锰酸盐指数、化学需氧量、氨氮、总磷、铜、锌等,可采用自动化监测的设置自动监测仪器,不能自动监测的设置人工定时监测,并将监测数据录入管理系统。24 项数据监测主要针对城区乡(镇)级河道、湖泊进行监测,街道级河道可从水温、pH 值、化学需氧量、氨氮、电导率、浊度、六价铬等数据进行在线监测。

环境噪声质量监测和管理,应对城区区域声环境、道路交通声环境和功能区声环境进行监测管理,并根据国家现行标准规划进行相应点位的规划布局。

同时,环境质量信息化监测和管理除对数据采集外,还应对各类数据进行数据处理、数据上报、数据分析和数据展示。与此同时,应对城区所设置的空气环境、水环境、环境噪声等的监测装置定期维护标定,以保持环境污染监测数据的准确性;运营时,环境监测平台应能积累监测数据,自动进行统计分析,发现超标的污染参量和区域及时进行告警,为保证城区的环境安全、掌控生态环境的运行态势提供有效支撑;绿色生态城区可在合适的位置设置展示屏,向公众发布部分环境监测数据。

当上一级环境监测系统尚未覆盖参评的绿色生态城区时,城区应按城市发展规划要求和绿色生态城区要求,建设环境质量监测和管理系统。

【具体评价方式】

本条适用于规划设计、实施运管评价。

规划设计评价查阅绿色生态专业规划或智慧城区规划文件,审查环境监测规划方案,其中包括空气环境、水环境、声环境监测点位布局图,各监测数据内容及规划实施说明。

实施运管评价查阅环境监测系统的运行评估报告,各类环境质量信息记录、数据分析评估、运行预警反馈、优化建议等内容,并现场考察系统的建设和运行情况,核实数据有效性及达标情况。

8.2.3 实行交通智能化管理,评价总分值为 6 分,并按下列规则分别评分并累计:

1 交通诱导覆盖率达到 50%,得 3 分。

2 智能停车场覆盖率达到 80%,得 3 分。

【条文说明扩展】

交通智能化管理指运用智能化技术参与城区交通管理,可有效改善车辆通行效率,提高交通流畅度,提升市民出行体验。绿色生态城区的交通智能化管理应在市级或区级智能交通管理体系下,对城区交通进行进一步优化和微区域服务水平的提升。通过运行数据的积累,为城市的智能交通管理提供优化建议。

本条提出采用交通诱导技术、停车诱导技术等参与城区管理。第 1 款涉及的交通诱导系统或称交通流诱导系统(分为车内诱导系统和车外诱导系统,本条主要指车外诱导系统)是基于电子、计算机、网络和通信等现代技术,根据出行者的起讫点向道路使用者提供最优路径引导指令或是通过获得实时交通信息帮助道路使用者找到一条从出发点到目的地的最优路径的系统。该系统的特点是把人、车、路综合起来考虑,通过诱导道路使用者的出行行为来改善路面交通使用情况,防止交通阻塞,减少车辆在道路上的逗留时间,并且最终实现交通流在路网中各个路段、时段上的合理分配。

交通诱导覆盖率是指可变信息标志(VMS)布设点位占适宜布设点位的比例。可变信息标志(VMS)是实现智能交通管理的一个发布实时交通信息的平台。对于"宜布设VMS点数量"的确定,应对城区交通流量进行综合分析,以此得出常发性拥堵点、路网中主要分流点、车流集散地等信息,然后根据该类信息进行点位的确定。

条文中交通诱导覆盖率计算公式如下:

$$交通诱导覆盖率(\%) = \frac{布设 VMS 点数量(个)}{宜布设 VMS 点数量(个)} \times 100\%$$

第2款的智能停车场系统包括停车诱导系统和停车引导系统。停车诱导系统是指通过智能探测技术,与分散在各处的停车场实现智能联网数据上传,实现对各个停车场停车数据进行实时发布,引导司机实现便捷停车,解决城市停车难问题的智能系统。停车引导系统是指通过智能探测技术,将停车场的停车位有无信息通过指示器传递给司机,以帮助司机快速找到空位的智能系统。城区智能停车场系统的规划布局应符合现行国家标准《城市停车规划规范》GB/T 51149、现行行业标准《停车服务与管理信息系统通用技术条件》GA/T 1302等相关标准的规定。

条文中智能停车场覆盖率计算公式如下:

智能停车场覆盖率(%)=

$$\frac{采用停车诱导和引导系统的停车场数量(个)}{城区社会停车场和大型公建停车场(对外开放)总量(个)} \times 100\%$$

【具体评价方式】

本条适用于规划设计、实施运管评价。

若上一级行政区已有交通诱导系统、停车诱导系统且覆盖城区范围,城区有相关的实施细则用于后续运营管理,可根据标准要求得到相应的分值。

第1款,根据交通信息标志(VMS)布设点的分析结果,交通诱导屏设置应与所在区交通管理部门协调,由交通管理部门按要求设置诱导屏位置及数量,并对外发布信息。

第2款,绿色生态城区应建立统一的停车场(库)信息管理和发布系统,对停车泊位进行编号,对停车场信息实行动态管理,并实时公布向社会开放的停车场分布位置、使用状况、泊位数量等情况,并与上级系统联网对接。

规划设计评价查阅绿色生态专业规划、城区规划文件等,审查智慧交通规划方案,核实其中交通诱导屏点位布局图、停车诱导系屏点位布局图、系统设计方案等说明。

实施运管评价查阅交通年度评估报告,审查其中的交通诱导系统和智能停车系统的运行情况,并现场核查。

8.2.4 市政道路照明、交通信号灯、景观照明等实行智能化管理,评价分值为 4 分。

【条文说明扩展】

市政照明智能化管理是通过采用智能照明控制系统,根据人流量、光照度和天气等外界信息进行分时段、分模式开关灯,且据实际情况的照度需求,灵活调节,避免无人时间段的大量能源浪费,实现有效节电管理。其中,智能照明控制系统是指利用先进电磁调压及电子感应技术,对供电进行实时监控与跟踪,自动平滑地调节电路的电压和电流幅度,改善照明电路中不平衡负荷所带来的额外功耗,提高功率因素,降低灯具和线路的工作温度,达到优化供电目的的照明控制系统。

市政道路照明和景观照明智能化管理主要根据时间段、天气情况、人流信息、光照度、温湿度等信息对照明进行智能化管控。交通信号灯智能化管理主要以浮动车轨迹数据为基础,对交通整体区域进行优化,且通过对各道路车辆数据的获取、分析,来控制信号灯,以缓解道路拥堵。交通信息号智能化管理可根据早晚高峰、平峰以外的早晚次高峰、次平峰、夜间、节假日等需求差异进行差异化的智能控制。

城区道路照明、交通信号灯、景观照明等应采用智能照明控制系统,在保证城区运行安全的前提下,降低户外公共照明的能耗。各类照明设计应符合现行国家标准《道路交通信号控制机》GB 25280、现行行业标准《城市道路照明设计标准》CJJ 45 和《城市夜景照明设计标准》JGJ/T 163 等的规定。

由于市政照明智能化管理是一项城市运行的基础工作,道路照明由住房城乡建设部门管理,交通信号灯由交警部门管理,而景观照明由绿化市容部门管理,因此,城区应与各相关部门进行协调,按照绿色生态要求落实市政照明智能化管理内容。

【具体评价方式】

本条适用于规划设计、实施运管评价。

若上一级行政区已有市政照明智能化管理系统且覆盖城区范围,城区有相关的实施细则用于后续运营管理,可根据标准要求得到相应的分值。若项目所在行政区无市政道路照明、交通信号灯、景观照明等智能化管理,需自行推进市政照明智能化管理建设,后续与城市相关管理部门进行对接。道路照明可根据时间段和照度情况进行智能控制;其次,当道路照明、交通信号灯(在畅通、安全的基础上再考虑节能)、景观照明均采用智能化管理时,该条文可得分。特别注意的是,交通信号灯的智能化管理应以道路交通的安全、畅通为首要目标,在满足上述目标的前提下还应注重节约能源。

规划设计评价查阅绿色生态专业规划或智慧城区规划文件,审查市政道路照明、交通信号灯、景观照明等智能化管理方案,以及各个系统的控制策略。

实施运管评价查阅绿色生态专业规划实施评估报告或智慧城区运行报告,市政道路照明、交通信号灯、景观照明等智能化管理系统的运行日志等,并现场核查。

8.2.5 设置智慧社区系统,提供优质公共服务,评价总分值为 9 分,并按下列规则分别评分并累计:

    1 建立智慧社区生活服务站,得 3 分。

    2 设置社区养老管理系统,得 3 分。

    3 构建社区交流平台,得 3 分。

【条文说明扩展】

    智慧社区建设是智慧城市建设的重要内容,为指导各地开展智慧社区建设,住房城乡建设部组织编制并发布了《智慧社区建设指南》。该指南对智慧社区作出了初步解释,即智慧社区是通过综合运用现代科学技术,整合区域人、地、物、情、事、组织和房屋等信息,统筹公共管理、公共服务和商业服务等资源,以智慧社区综合信息服务平台为支撑,依托适度领先的基础设施建设,提升社区治理和小区管理现代化,促进公共服务和便民利民服务智能化的一种社区管理和服务的创新模式,也是实现新型城镇化发展目标和社区服务体系建设目标的重要举措之一。

    本条文中智慧社区系统类似于《智慧社区建设指南》中提及的智慧社区综合信息服务平台,即该平台对社区的各类信息进行统筹收集、管理,并将有效信息反馈给社区居民,用于社区高效管理。

    该指南对智慧社区建设内容也分别从保障体系、基础设施与建筑环境、社区治理与公共服务、小区管理、便民服务和主题社区等 6 个领域给出方向。本条文主要从公共服务、便民服务的部分方向提出要求。

    第 1 款的社区生活服务站,指为社区居民提供信息教育、文体体育、生活资源等服务,方便各年龄层的居民获得最新智慧信息、个人技能提升、网上购物消费等服务。社区生活服务站服务半径不大于 500m,各个服务站所覆盖的居住用地面积占比应达到 80%。

    第 2 款社区养老管理系统,指绿色生态城区建设统一养老管理平台,对 60 周岁以上的老人建立健康档案,并为这些老人提供就医、购物、保洁、出行、活动、交友、资讯等服务。该管理系统包括健康档案管理系统、呼叫求助系统、老人定位系统、远程健康体征管理系统、资讯推送系统等子系统。

    第 3 款提出的社区交流平台主要依托智慧社区综合信息服务平台,作为其子平台项为社区居民提供邻里活动、亲子活动、节目比赛等内容,以促进邻里居民相互交往,建设和谐社区。该平台可根据社区情况进行多点布局,据不同社区情况差异化提供多样式服务,最终与上一级智慧社区综合信息服务平台进行统一对接。社区交流平台服务半径不大于 300m,各个平台所覆盖的居住用地面积占比应达到 80%。

【具体评价方式】

    本条适用于规划设计、实施运管评价。

    若上一级行政区已有智慧社区系统且覆盖城区范围,城区有智慧社区相关实施方案,可根据标准要求得到相应的分值。

规划设计评价查阅智慧城区规划方案或智慧社区系统实施方案,审查智慧社区布局图、智慧社区各系统建设与管理模式等。

实施运管评价查阅智慧城区运行评估报告,审查智慧社区系统运行情况、用户体验反馈以及优化运行建议,并现场核查。

8.2.6 设置绿色建筑建设信息管理系统,评价分值为 6 分。

【条文说明扩展】

绿色建筑管理信息系统是对城区内绿色建筑的规划、设计、施工、运行进行统一数字化管理的信息系统,即对绿色建筑各类信息实时监测与动态跟踪的硬件系统和软件系统的统称。通过对绿色建筑的跟踪管理,可提升城区绿色建筑建设、运行效率,同时为后期建设管理部门对绿色建筑的规划、建设、管理提供准确的统计数据。

【具体评价方式】

本条适用于规划设计、实施运管评价。

城区内单体建筑面积达到 2 万平方米及以上的绿色建筑均应纳入绿色建筑建设信息管理系统,若所在行政区已建设该系统,城区不需要单设系统,而应按照要求将符合条件的绿色建筑信息接入区级系统,并与上一级部门协调,充分利用收集的信息数据进行管理。对于构建 BIM＋GIS 数字平台的城区,本条可直接得分。

规划设计评价查阅绿色生态专业规划或智慧城区规划方案、绿色建筑信息管理系统实施方案,审查绿色建筑建设信息管理系的功能,以及与上一级系统的衔接情况。

实施运管评价查阅智慧城区运行评估报告,审查绿色建筑建设信息管理系统运行情况,并现场核查。

8.2.7 建立绿色生态展示与体验平台,评价分值为 5 分。

【条文说明扩展】

城区绿色生态展示与体验平台是对城区各类基础信息、数字内容的汇总展示、宣传,通过弧幕、环幕、多媒体投影、沙盘、城市虚拟漫游等多样化的展现方式和新一代声光电、重力感应、动作识别技术等展示手段,将绿色生态城区各类规划成果、运营动态以直观、生动形象、互动体验的表现方式展现出来,满足参观体验者动手筛选、处理、体验需求的平台。该平台可使绿色生态城区的规划建设更加深入人心。

绿色生态展示与体验平台可以对城区已规划建设的智慧系统的信息、数据进行集中收集与展示,可以是绿色建筑、能源碳排放、环境监测、道路交通、停车管理、智慧社区等其中的一项或多项的信息数据,收集的信息可通过 LED 多媒体显示屏、数字沙盘、多组触控演示系统、组合投影演示系统、非触摸式互动体验系统等终端设备或系统进行信息数据的展示与体验。

绿色生态展示与体验平台可通过综合地图对绿色生态城区项目概况、城区全貌（含重要技术节点）、多个子系统等形式进行集中与分散展示，且通过一张总地图了解绿色生态城区采用的重要绿色生态策略及位置，通过点击查询某项策略，可深度了解该策略的布局方案与技术、目前运行情况、各类运行数据与分析图等信息内容，以提升视觉感与体验感。

　　有条件的城区，可在公共场所设置城区绿色生态运行数据展示屏，让市民随时了解城区的运行情况，增强市民的体验感和满意度。

【具体评价方式】

　　本条适用于规划设计、实施运管评价。

　　规划设计评价查阅绿色生态专业规划或智慧城区规划方案、展示平台实施方案，审查绿色生态展示与体验平台布局位置、平台展示形式、平台展示内容及规划说明。

　　实施运管评价查阅智慧城区运行评估报告、产品设备购置合同及说明书，审查平台运行情况，并现场核查。

Ⅱ　绿色人文

8.2.8　建立科学有效的治理体制，确保城区充满活力、和谐有序，评价总分值为 8 分，并按下列规则分别评分并累计：

　　1　建立城区治理工作协调机制，得 3 分。

　　2　多元化的主体参与城区的规划、建设、运营等过程，参与主体包括政府、非政府/非营利机构、专业机构和居民，得 3 分。

　　3　社会参与组织形式多于四种，得 2 分。

【条文说明扩展】

　　中共中央、国务院《关于加强和完善城乡社区治理的意见》明确了今后一个时期我国推进城乡社区治理的总体方向。上海市《关于进一步创新社会治理加强基层建设的意见》强调了社区的动员社会参与、指导基层自治功能。

　　社会治理除了国家和政府之外还应强调社会组织、企业、公民个体等社会力量的参与。社会需求是多样化的，不同类型的主体有不同的特点、不同的擅长，以及不同的利益诉求。因此，需要主体的多元化。多元主体参与是实现以人为本的绿色生态城区规划、建设和运营的重要途径，使城区规划能够更好地反映本地市民的需求，发挥其所长，优化城区的规划和运营情况，增加市民对城区的归属感。

　　第 1 款工作协调机制包括但不限于人员组织体系、工作组织机制、任务分工、时间计划、配套政策等。

　　第 2 款中多元化参与主体包括政府机构、非政府/非营利机构、专业机构和居民。其中，非政府/非营利机构可包括公民社会团体、独立部门、慈善部门、义工团体、志愿者协会等；专业机构包括各类专业学会、协会、科研院所、高校等。居民参与主要以城区内居民参与为主。若城区内无原住民、原住民数量很少，或原住民和未来城区定位希望引入的使用人群不符时，应首先考虑城区周边社区的居民。

第3款中组织形式包括但不限于网上咨询、街头访问、问卷调查、讲座、公示、工作坊、论坛、研讨会等。

【具体评价方式】

本条适用于规划设计、实施运管评价。

规划设计评价查阅城区或所在区的治理工作机制、多元化主体参与的相关记录、意见回复、规划设计文件修改等相关文件，审查参与的主体形式及组织形式等内容。

实施运管评价查阅城区治理的实施评估报告，城区建设和运营过程中的多元化主体参与相关记录、意见回复、采取的优化措施等，并现场核查。

8.2.9 设置人性化、无障碍的过街设施，增强城区各类设施和公共空间的可达性，评价总分值为6分，并按下列规则分别评分并累计：

1 不少于50％的过街天桥和过街隧道设置无障碍电梯或扶梯，得2分。

2 所有人行横道设置盲人过街语音信号灯，得2分。

3 核心地段人行横道设置盲道，得2分。

【条文说明扩展】

城市的无障碍环境建设，是为了提高全民的社会生活质量。根据《上海市老年友好城市建设导则（试行）》，无障碍设施是指在城市道路和建筑物中，为方便残障人士或行动不便者设计的使其能参与正常活动、通行方便的设施。现行无障碍建设、管理的相关法规、规范，多为倡议和鼓励性的，缺乏强制性。《标准》以城区为评价对象，故并不对建筑物相关的无障碍设施进行评价，仅以城市道路涉及的过街设施作为量化评价的对象。

第1款人性化的过街人行横道设施体现了城区设计对不同使用者需求的关爱。在城市的一些重点路段、交通枢纽、商业中心等人流密集地区的天桥和过街隧道设置无障碍电梯或扶梯，不仅能够方便残障人士的出行，也能为老年人以及携带行李的人们提供便利。设置盲人过街语音信号灯能大大的方便盲人获知过街信号，安全通过人行横道；同时给弱视和色盲的人群提供了便利。设置过街盲道则能连接起两侧道路的盲道，使盲人在过街时能有盲道引导，安全通过人行横道。

第2款考核的是设置有红绿灯的所有人行横道。

第3款所指核心地段是以轨道交通换乘枢纽、公共活动中心为圆心的200m范围内的地段区域。其中公共活动中心包括城市主中心（中央活动区）、城市副中心、地区中心、社区中心。

【具体评价方式】

本条适用于规划设计、实施运管评价。若城区内无过街天桥和过街隧道，本条第

1 款可不参评。

规划设计评价查阅行人过街设施布局的列表或图纸文件,以及过街设施规划设计方案。

实施运管评价在规划设计评价方法之外还应现场核查。

8.2.10 提供多样化的住房类型,促进混合居住,评价总分值为 5 分,并按下列规则分别评分并累计:

    1   新增住房中保障性住房面积比例达到 40%,且保障性住房中小套型住房供应比例达 100%,得 2 分。

    2   新增市场化住房中租赁住房供应套数比例达到 65%,得 3 分。

【条文说明扩展】

党的十九大报告指出,要坚持"房子是用来住的、不是用来炒的"定位,加快建立多主体供给、多渠道保障、租购并举的住房制度,让全体人民住有所居。城市住房发展应以人为本,切实保障市民享有合适的住房,并完善公平多元的公共服务,促进和谐社会的建设。

《国务院办公厅关于加快培育和发展住房租赁市场的若干意见》要求以建立购租并举的住房制度为主要方向,健全以市场配置为主、政府提供基本保障的住房租赁体系。支持住房租赁消费,促进住房租赁市场健康发展。

《上海住房发展"十三五"规划》明确"十三五"期间住房发展将聚焦住房市场体系和保障体系,深化以居住为主、市民消费为主、普通商品住房为主,优化廉租住房、公共租赁住房、共有产权保障住房、征收安置住房"四位一体"的住房保障体系,完善购租并举的住房体系,健全房地产业健康平稳发展长效机制。发展目标为:大力发展住房租赁市场,"十三五"期间,新增住房供应总套数比"十二五"期间增加 60% 左右;租赁住房供应套数占新增市场化住房总套数超过 60%。进一步加大商品住房用地中小套型住房供应比例,中心城区不低于 70%;保障性住房用地中小套型住房供应比例,中心城区为 100%,郊区不低于 80%。鼓励以公共交通为导向的社区开发模式,轨道交通站点周边区域商品住房用地中小套型住房供应比例提高到 80% 以上,实现城市组团式紧凑开发。

故本条对新增住房作如下界定:

对正在编制或修编控制性详细规划的城区,新增住房为控制性详细规划中待开发地块上的住宅建筑,不包含规划中保留和在建地块上的住宅建筑;对于无控制性详细规划修编计划的城区,新增住房为城区启动绿色生态专业规划编制时,尚未划拨或出让的住宅建筑工程项目。

第 1 款新增住房中保障性住房面积比例可按下式计算:

新增住房中保障性住房面积比例(%)

$$= \frac{新增住房中保障性住房面积(\mathrm{m}^2)}{城区新增住房总面积(\mathrm{m}^2)} \times 100\%$$

第2款新增市场化住房中租赁住房供应套数比例可按下式计算：

新增市场化住房中租赁住房供应套数比例(%)

$$= \frac{新增市场化住房中租赁住房供应套数(套)}{城区新增市场化住房总套数(套)} \times 100\%$$

【具体评价方式】

本条适用于规划设计、实施运管评价。

规划设计评价查阅控制性详细规划、所在区的保障房和租赁住房政策文件、各类住房项目实施计划、相关比例计算书等，审查相关保障住房、租赁住房规划布局方案，核实两类住房的面积数据。

实施运管评价查阅各类住房项目实施计划的实施情况报告，审查保障性住房、租赁住房的项目列表，并现场核查。

8.2.11 提供与城市或所在区相衔接的就业和技能培训服务，评价总分值为 5 分，按下列规则分别评分并累计：

    1 提供针对失业和残障人士的就业介绍和技能培训服务，得 3 分。

    2 提供绿色相关技能培训服务，得 2 分。

【条文说明扩展】

为贯彻执行国家和本市的劳动就业法律、法规、政策，负责管理、指导和协调本市就业服务工作，落实促进就业的有关政策措施，上海市人力资源和社会保障局成立了上海市就业促进中心，各区也成立了相应的公共就业服务机构，为创造就业条件，促进劳动者就业，推动本市经济社会和谐发展奠定基础。

本条重点关注针对失业和残障人士的服务，以及符合绿色生态城区建设要求的绿色技能培训服务。

第1款中要求就业介绍和技能培训服务的功能，需与上海市以及规划区所在区的就业和技能培训体系相衔接，其中服务点可单独选址，或设置在城区内的公共服务设施当中，如社区综合服务中心等。

第2款所指绿色相关行业的技能培训，包括但不限于有机耕种、绿色施工、绿色运营管理等。

本条文也鼓励利用互联网、大数据等现代信息技术，开展在线教育和远程教育，拓宽就业培训的渠道，加强与就业和培训相关的设施建设。

【具体评价方式】

本条适用于实施运管评价。

实施运管评价查阅城区就业和技能培训服务实施情况总结报告，审查提供服务的场所、服务内容、年度提供的服务数量列表及服务效果说明。

8.2.12 城区企业体现绿色社会责任感,评价分值为 3 分。

【条文说明扩展】

　　企业社会责任运动始于欧美发达国家,主要包括环保、劳工和人权等方面的内容,由此导致消费者的关注点由单一关心产品质量,转向关心产品质量、环境、职业健康和劳动保障等多个方面。一些涉及绿色和平、环保、社会责任和人权等的非政府组织以及舆论也不断呼吁,要求社会责任与贸易挂钩。企业绿色社会责任是指企业在创造利润、对股东承担法律责任的同时,还承担的对环境的责任,企业的绿色社会责任要求企业超越把利润作为唯一目标的传统理念,强调要在生产过程中对环境的贡献。企业履行绿色社会责任有助于保护资源和环境,实现可持续发展。此外,履行绿色社会责任可以作为企业的一张品牌名片,并引领潮流。

　　本条文鼓励城区内的企业制定并向公众公布其绿色发展战略。比如,企业实施的绿色采购、行为节能和节水、绿色出行等策略和措施;企业通过技术革新减少生产活动各个环节对环境可能造成的污染;企业通过公益事业与社区共同建设环保设施,以提升环境品质,保护社区及其他公民的利益等。

【具体评价方式】

　　本条适用于实施运管评价。

　　本条要求不少于 5‰在城区注册的企业提供对资源环境和可持续发展的年度责任报告;若在城区注册企业数量不足 1000 个,则至少 5 个企业提交该报告方可得分。

　　实施运管评价查阅城区提交的企业绿色社会责任报告。

8.2.13 编制绿色生活与消费指南,并制定节能、节水、降噪、垃圾分类等管理措施,评价总分值为 7 分,并按下列规则分别评分并累计:

　　1 编制绿色生活与消费指南,得 4 分。

　　2 制定节能、节水、降噪、垃圾分类等管理措施,得 3 分。

【条文说明扩展】

　　《国家新型城镇化规划(2014—2020 年)》提出,要加快绿色城市建设,将生态文明理念全面融入城市发展,构建绿色生产方式、生活方式和消费模式。推进生态文明建设,每个公民都不能置身事外,生活方式绿色化应该成为每个公民的行为指南。

　　人们日常生活中一些不良生活方式和消费行为所造成的资源浪费给环境带来的损害日益严重,因此,普及绿色生活、推动人们消费理念和生活方式绿色化是一项极为紧迫的任务。制定绿色生活与消费指南能够引导城区居民践行绿色生活方式和绿色消费,改变个人行为习惯,减少不必要的生活消费,通过影响人的行为来实现节能减排。

　　20 世纪 80 年代后半期,英国掀起了"绿色消费者运动",而后席卷了欧美各国。国际上公认的绿色消费有三层含义:一是倡导消费者在消费时选择未被污染或有助于公众健康的绿色产品；二是在消费过程中注重对废弃物的处置；三是引导消费者转变消费观念，崇尚自然、追求健康，在追求生活舒适的同时，注重环保、节约资源和能源，实现可持续消费。

第1款要求编制绿色生活与消费指南，引导公民实践绿色生活与消费。绿色生活与消费指南导则包括但不限于节约资源、环保选购、重复使用、分类回收、保护自然等方面的内容。第2款则要求城区采取节能、节水、降噪、垃圾分类等管理措施。

由于第1款中的指南仅有教育性和引导性，需要公民自觉执行，第2款希望通过管理措施，加强从源头节约能源资源的措施的执行力。可以采取的措施包括但不限于：制定公共建筑冬夏空调温度管理措施，制定鼓励居民购置一级或二级节能家电优惠措施，制定用水阶梯水价措施，制定鼓励居民购置节水器具优惠措施，制定施工现场噪声管理制度，制定车辆鸣笛管理制度，制定促进居民开展垃圾分类的管理措施，制定居民生活垃圾奖惩制度等。城区的垃圾分类管理应符合《上海市生活垃圾管理条例》的相关规定。

【具体评价方式】

本条适用于规划设计、实施运管评价。

规划设计评价查阅城区或城区所在区域的《绿色生活与消费指南》，以及城区采取的节能、节水、降噪、垃圾分类等管理措施的说明文件（可以以列表形式列出采取的各项措施及相应管理部门）。

实施运管评价查阅《绿色生活与消费指南》的发行和普及情况，以及节能、节水、降噪、垃圾分类等管理措施实施总结报告，并现场核查。

8.2.14 开展绿色教育和绿色实践，评价总分值为6分，按下列规则分别评分并累计：

1 开展针对青少年的绿色教育和针对社区的绿色实践，覆盖青少年人口比例达到20%，或覆盖社区数量比例达到30%，得3分。

2 设置绿色行动日活动，构建多样的宣传教育模式与平台，得3分。

【条文说明扩展】

开展绿色教育是对青少年普及绿色、环保和低碳生活理念以及基本专业知识的重要途径。通过绿色社区实践能够向普通市民普及绿色、环保和低碳生活理念以及基本专业知识。绿色教育的开展应针对不同年龄段制定不同的课程或活动。

绿色社区实践形式多样，可以是绿色教育课程中的其中一个组成部分，也可以是由城区志愿者组织、慈善团体或非营利机构开展的实践活动。实践活动内容可包括但不限于：社区植树、旧衣物捐赠回收、旧书本回收或交换、废旧电池回收、绿色生活小知识宣传等各类形式的活动。

第1款中绿色教育覆盖青少年人口比例可以通过调研城区内开展绿色教育的学

校获得数据,可按下式计算:

绿色教育覆盖青少年人口比例(%)

$$= \frac{城区内开展绿色教育的学校学生总人数(人)}{城区内学校的学生总人数(人)} \times 100\%$$

第1款中开展绿色实践的社区,以社区居委为考核对象,绿色实践的社区比例可按下式计算:

开展绿色实践的社区比例(%)

$$= \frac{开展绿色实践的社区居委数量(个)}{城区内社区居委总数量(个)} \times 100\%$$

设立绿色行动日,一方面可以体现城区对绿色工作的重视,另一方面也能更广泛地吸引全社会对绿色发展的关注,动员社会各方面力量参与绿色建设,营造全社会共同实现绿色发展的良好氛围。绿色行动日活动可每年举办一次或多次,包括但不限于以下活动:植树活动、夏天清凉着装上班活动和每周一天素食活动等。采取丰富多样的宣传形式宣传绿色行动日活动,确保取得良好宣传效果,增加社会参与度。

【具体评价方式】

本条适用于实施运管评价。

实施运管评价查阅绿色教育和绿色实践方案、实施情况总结报告、覆盖人口和社区比例的计算书以及绿色行动日活动方案或其他宣传方案及活动现场图文或影像资料等。

8.2.15 开展居民绿色出行宣传、教育,绿色出行比例达到85%,评价总分值为5分。

【条文说明扩展】

《交通运输部关于全面深入推进绿色交通发展的意见》要求到2020年,初步建成布局科学、生态友好、清洁低碳、集约高效的绿色交通运输体系,绿色交通重点领域建设取得显著进展。其中目标之一是到2020年,绿色出行比例显著提升,大中城市中心城区绿色出行比例达到70%以上,建成一批公交都市示范城市。其中全面推进实施绿色交通发展重大工程的第三项即为绿色出行促进工程。该工程主要包括基础设施硬件加强,配套管理运营制度加强,以及绿色出行宣传和科普教育加强。

因此,本条文要求绿色生态城区进行关于绿色出行的宣传和科普教育,如开展绿色出行宣传月活动及"无车日"活动,制作发布绿色出行公益广告等;还可通过制定措施鼓励政府部门工作人员乘坐公交或地铁、骑自行车或步行等方式出行。让绿色交通发展人人有责,让绿色出行成为风尚,提升居民绿色出行比例。

城区实施运管阶段可通过抽样问卷方式了解城区内居民的交通出行方式。本调查可结合社情民意调研同时展开。

绿色出行比例可按下式计算:

绿色出行比例(%)＝

$$\frac{采用绿色出行方式(步行、自行车、公共交通)次数(次)}{受访居民出行总次数(次)} \times 100\%$$

【具体评价方式】

本条适用于实施运管评价。

实施运管评价查阅绿色出行相关宣传、教育文件,以及城区出行方式统计报告。

8.2.16 开展社情民意调查,提升居民幸福感,评价总分值为 5 分。民生幸福指数达到 90%,得 3 分;达到 95%,得 5 分。

【条文说明扩展】

国家经济的快速发展,伴随人民收入的相应提高,人们的能力和素质不断提高,对城市生活的质量要求也越来越高,城市居民对城区环境的满意情况直接体现城市环境的好坏。此外,由于对环境保护和社会服务的知识逐渐增加,公众要维护自身的合法权益,必然要参与到城市建设中,发表自己的意见。

城市建设和发展,归根结底是服务公众的,人们在城市生活、工作、学习,对城市的环境质量和服务质量有着最直接的体验,因此,人们的满意度最能代表城区的建设的水平。通过反馈公众的意见,能提高城市的管理和决策者的服务意识和服务水平。

民生幸福指数则是衡量百姓幸福感的标准。本条要求开展年度社情民意调查,抽样比可以为城区总人口的 1%～5%。调查内容包括居民对城区绿色建设整体的满意度,以及对政府工作、绿化环卫、公共服务、精神文化生活、目前生活水平、对来年生活/工作预期等方面的分项评价,从而计算得到民生幸福指数。调查问卷的评价总分值为 100 分,以所有受访者的平均得分为准。

【具体评价方式】

本条适用于实施运管评价。

实施运管评价查阅年度民意调查报告,审查调查问卷、调查时间、调查对象、调查方法、调查内容、主要调查结论等。

9 产业与绿色经济

经济可持续发展是一个城市活力的关键要素,绿色生态城区应优化产业结构,提升产业效率,助力城市可持续发展。"产业与绿色经济"有3项控制项,11项评分项。评分项分为产业准入、产业结构和绿色经济三个板块,分别有4条(29分)、4条(39分)和3条(32分)。

9.1 控制项

9.1.1 应编制产业发展专项规划,明确产业低碳发展目标,确定产业发展方向及产业结构,制定产业引入与退出机制。

【条文说明扩展】

绿色生态城区应结合项目情况提出绿色经济发展目标,大力提高产业关联度和循环程度,完善区域循环经济产业链,加强补链产业的引入,构建符合具有当地特色的绿色产业体系,同时制定产业引入、退出机制。

城区应结合上海市经济、产业政策及自身特点,分析产业与经济发展的优劣势、发展现状与潜力,制定适合城区发展的产业发展专项规划,应包括城区的产业发展定位、产业发展目标和产业发展重点等内容。具体编制可参照但不限于以下内容:

(1)产业规划概况:包含区域产业发展水平的判断、产业发展存在的问题分析、产业发展和空间布局的基本格局及其特点分析、产业发展和布局变化趋势的预测等内容。

(2)产业发展定位:包含区域产业在国家层面和区域层面可能发挥的作用和所处的地位、产业未来发展潜力和对周边区域发展所带来的机遇等内容。

(3)产业发展目标:包含区域产业总量、产业增长目标、产业结构目标、产业用地投资强度指标、产业用地土地产出指标、产业能效指标等内容。

(4)产业发展规划:包含区域发展的主导产业(或未来发展的重点产业)及配套产业的发展规划等内容。

(5)近期产业发展重点:包含城区近期内准备发展、引入的产业类型及建设行动。

(6)实施策略和保障机制:包含城区产业发展策略、发展机制、协调机制、考核机制和管理体系等内容。

【具体评价方式】

本条适用于规划设计、实施运管评价。

对新开发城区,本条要求编制产业发展专项规划;对于更新城区,本条要求提供产业调整或业态分析相关报告文件。因城区范围或用地属性影响,不具备或不适合编制产业发展专项规划,或城区是为周边产业配套,可对未编制产业发展专项规划的原因进行说明,同时提供城区上位产业发展专项规划文件(不含上海或市辖区的产业规划文件)。

规划设计评价查阅城区或上位产业发展专项规划及相关说明文件。

实施运管评价查阅城区年度经济运行报告。年度经济运行报告主要包括城区近一年的经济运行指标(生产总值、产业增加值、固定资产投资等各类经济指标)、经济运行态势(产业进入退出情况、发展速度、发展趋势、发展特征等)、下一步发展计划(发展目标、发展项目、政策配套等)等内容。

9.1.2 应制定有利于资源节约和循环经济发展的产业政策和经济政策。

【条文说明扩展】

循环经济是针对传统的线形经济而言的,是一种以资源的高效利用和循环利用为核心,以"减量化、再利用、资源化"为原则,以低消耗、低排放、高效率为基本特征,符合可持续发展理念的经济发展模式,其本质是一种"资源—产品—消费—再生资源"的物质闭环流动的生态经济。

发展循环经济是上海的一项重大战略决策,是落实生态文明建设战略部署的重大举措,是加快转变经济发展方式,建设资源节约型、环境友好型社会,实现可持续发展的必然选择。作为经济发展理论的重要突破,循环经济克服了传统经济理论割裂经济与环境系统的弊端,要求以与环境友好的方式利用自然资源和环境容量,实现经济活动的生态化转向,这为上海市提供了一种新的经济发展模式。

产业政策是当地政府制定的,引导产业发展方向、推动产业结构升级、协调产业结构、使社会经济健康可持续发展的政策。产业政策主要通过制定国民经济计划(包括指令性计划和指导性计划)、产业结构调整计划、产业扶持计划、财政投融资、货币手段、项目审批来实现。本条要求城区制定有利于循环经济发展的产业政策,对归为循环经济发展的重大产业项目和技术开发、产业化示范项目,给予直接投资、资金补助、贷款贴息、税收优惠等多方面支持。

【具体评价方式】

本条适用于规划设计、实施运管评价。

评价时,城区若因范围或用地属性影响,没有单独的产业和经济政策,则核查所在市辖区出台的产业和经济政策;若无该方面政策,该条文不达标。

规划设计评价查阅产业和经济相关政策文件,审查其中有利于资源节约和循环经济发展的相关内容。

实施运管评价查阅产业和经济相关政策实施报告,审查对产业扶持项目的直接投资、资金补助或贷款贴息等统计数据及相关说明。

9.1.3 工业废气、废水应达标排放,危险固体废物无害化处理率应达到100%。

【条文说明扩展】

工业废气、废水达标排放,危险固体废物全部进行无害化处理处置,是守住生态环境保护底线的基本要求。因此,绿色生态城区内工业废气应符合现行国家标准《大气污染物综合排放标准》GB 16297、《恶臭污染物排放标准》GB 14554、《工业炉窑大气污染物排放标准》GB 9078 等的规定,工业废水应符合现行国家标准《污水综合排放标准》GB 8978、《钢铁工业水污染物排放标准》GB 13456、《生物工程类制药工业水污染物排放标准》GB 21907 等的规定。

危险固体废物又称为有害废物、有毒废渣等,通常是指具有腐蚀性、毒性、易燃性、反应性或者感染性等一种或一种以上危险特性的固体废物。对列入《国家危险废物名录》的危险固体废物要按照《中华人民共和国固体废物污染环境防治法》进行无害化处理。

【具体评价方式】

本条适用于实施运管评价。若城区无工业项目,且无工业废气、废水、危险固体废物排放,该条文直接达标。

实施运管评价查阅城区工业企业废水、废气、危险固体废物信息目录,各污染物监测报告,危险固体废物台账数据,危险固体废物处理计算书。核查城区内工业企业至少一年的运营数据及相关材料,包括危险固体废物的台账,工业废气、废水、危险固体废弃物处理处置设备运行日志、相关监测数据等。

9.2 评分项

Ⅰ 产业准入

9.2.1 产业用地投资强度符合《上海市产业用地指南》的要求,评价总分值为 6 分。固定资产投资强度比《上海市产业用地指南》中的控制值提高幅度达到10%,得 3 分;达到15%,得 6 分。

【条文说明扩展】

产业用地投资强度一般用固定资产投资强度指标来衡量。固定资产投资强度指项目用地范围内单位土地面积上的固定资产投资额,反映单位土地上项目投资情况,是衡量土地投入水平的重要指标。计算公式为

$$固定资产投资强度(亿元/km^2)=\frac{项目固定资产总投资(亿元)}{项目总用地面积(km^2)}$$

其中,项目固定资产总投资包括厂房、设备和地价款。厂房和设备的投资额按照

项目建成进入正常生产时的厂房建造成本和设备购置成本计算,地价款按照土地合同约定成交金额计算。

固定资产投资强度是衡量开发区土地利用率的重要标准,国家出台了《工业项目建设用地控制指标》,该文件对不同行业的投资强度进行了详细规定。上海市也发布了《上海市产业用地指南》,产业用地固定资产投资强度指标的引入,一方面促进城区不断吸引内部及外部投资;另一方面限制土地规模,可以达到既促进城区经济活力又集约利用土地的目的。

评价时,首先判断产业项目是否符合国家和本市产业政策导向,与所在规划区产业定位相符合,项目规划选址符合本市土地利用总体规划、城市总体规划和区域控制性详细规划;其次,判断产业项目的固定资产投资强度是否优于《上海市产业用地指南》的要求。

【具体评价方式】

本条适用于规划设计、实施运管评价。若城区内无《上海市产业用地指南》中涉及的项目类型,该条文不参评。

若城区内包含多种类型的产业项目,各种类型的产业项目均达到对应指标后,本条方可得分;若城区内包含多个同类型的产业项目,每个产业项目均达到该产业项目的对应指标后,方可得分。

规划设计评价查阅控制性详细规划、产业发展专项规划等文件,审查土地利用规划图、地块控制指标表及各类用地的固定资产投资强度控制指标。

实施运管评价查阅城区年度经济运行报告,审查固定资产投资统计表、固定资产投资项目建设进展等,并现场核查。

9.2.2 产业用地的土地产出率符合《上海市产业用地指南》的规定,评价总分值为 10 分。土地产出率达到《上海市产业用地指南》中的控制值和推荐值的平均值,得 5 分;达到推荐值,得 10 分。

【条文说明扩展】

土地产出率指项目用地范围内单位土地面积上的主营业务收入,反映单位土地上项目的产出情况,是衡量土地产出水平的重要指标。计算公式为

$$土地产出率(亿元/km^2) = \frac{项目主营业务收入(亿元)}{项目总用地面积(km^2)}$$

主营业务收入是指企业从事本行业生产经营活动所取得的营业收入。主营业务收入根据各行业企业所从事的不同活动而有所区别,如工业企业的主营业务收入指"产品销售收入";建筑业企业的主营业务收入指"工程结算收入";交通运输业企业的主营业务收入指"主营业务收入";批发零售贸易业企业的主营业务收入指"商品销售收入";房地产业企业的主营业务收入指"房地产经营收入";其他行业企业的主营业务收入指"经营(营业)收入"。

《上海市产业用地指南》对工业用地产业项目类、工业用地标准厂房类、研发总部产业项目类、研发总部通用类以及物流仓储用地四类设置了土地产出率的控制值和推荐值指标。

本条要求各类产业用地的土地产出率达到《上海市产业用地指南》中"工业用地产业项目类固定资产投资强度标准""仓储物流用地土地产出率标准""工业用地标准厂房类土地产出率标准"和"研发总部通用类土地产出率标准"的控制值和推荐值的平均值要求,鼓励绿色生态城区内的产业用地达到推荐值要求,提升单位土地产出率。

【具体评价方式】

本条适用于规划设计、实施运管评价。若城区内无《上海市产业用地指南》中涉及的产业用地类型,该条文不参评。

若城区内包含多种类型的产业用地,各种类型的产业用地均达到对应指标后,本条方可得分;若城区内包含多个同类型的产业用地,每个产业用地均达到对应指标后,方可得分。

规划设计评价查阅控制性详细规划、产业发展专项规划等文件,审查土地利用规划图、地块控制指标表及各类用地的土地产出率指标。

实施运管评价查阅经济运行报告,审查各产业用地的类型及产值统计表、土地产出率计算结果,并现场核查。

9.2.3 产业能效符合《上海产业能效指南》的相关规定,评价总分值为 8 分,并按下列规则分别评分并累计:

1 工业单位产品综合能耗达到《上海产业能效指南》工业主要行业产品能效准入值,得 4 分。

2 各建筑业态单位建筑年综合能耗达到《上海产业能效指南》非工业主要行业能效先进值水平,得 4 分。

【条文说明扩展】

为进一步推进上海市产业能效提升、产业结构优化,2018 年上海市经济信息化委会同市统计局编制《上海产业能效指南(2018 版)》,指南结合上海产业实际,遴选了 60 个重点产品的 117 个国际国内标杆值,45 项产品单耗行业平均水平,79 项重点用能产品 464 个单耗限额值和 407 个准入值,市级机关、星级饭店、大型商业建筑、医院等 11 类非工业行业用能单位的 113 项能效评价合理值和 88 项先进值。

工业单位产品综合能耗是指统计报告期内,用能单位生产某种产品或提供某种服务的综合能耗与同期该合格产品产量(工作量、服务量)的比值。单位产品综合能耗计算应按照现行国家标准《综合能耗计算通则》GB/T 2589 中的计算公式及要求进行,各种能源折标准煤参考系数采用《标准》中附表。

单位建筑年综合能耗是指项目全年各类能耗量与总建筑面积之比。

$$单位建筑年综合能耗[kgce/(m^2 \cdot a)] = \frac{全年各项能耗总量(kgce/a)}{总建筑面积(m^2)}$$

绿色生态城区在产业引入与退出方面宜参照《上海产业能效指南2018版》中的能效要求，有选择地引入产业，并根据实际情况促进低能效企业退出。

【具体评价方式】

本条适用于规划设计、实施运管评价。对于无工业产品的城区，本条第1款不参评。

评价时，若城区内包含多种工业产品和建筑业态，需全部达到对应指标后，方可得分；若城区内包含多个相同工业产品和建筑业态，需各项目都达到对应值后，方可得分。

规划设计评价查阅控制性详细规划、产业发展专项规划，审查土地利用规划图、地块控制指标表、工业产品及各类建筑的能效指标。

实施运管评价查阅经济运行报告，审查相关工业产品单耗、各类建筑年综合能耗等相关数据统计表及分析说明，并现场核查。

9.2.4 实行节能、节水、碳排放评估制度，评价分值为5分。

【条文说明扩展】

控制碳排放、实现低碳发展已经成为国际大都市的主流共识，纽约、伦敦、东京等城市均提出了有力的二氧化碳总量削减目标，并将低碳绿色发展作为城市核心发展战略之一，以及展示城市国际形象和提升竞争力的重要方面。另外，国家当前将生态文明建设和绿色发展放在前所未有的战略高度，进行了一系列的部署要求，并明确提出全国2030年左右二氧化碳排放达到峰值且将努力早日达峰的目标。上海作为改革开放排头兵、创新发展先行者，应当比全国更早达峰，更好发挥全国低碳城市试点的示范引领作用，积极探索特大城市低碳发展转型经验，为全国绿色发展作出更大贡献。

为对用水进行引导与控制，《上海市实行最严格水资源管理制度考核办法实施细则》《上海市实行最严格水资源管理制度考核指标监测和统计办法》等文件陆续发布，建立对用水总量、用水效率、水功能区限制纳污、水资源管理责任和考核等制度。《上海市固定资产投资项目节能审查实施办法》亦对投产项目提出用能评估与审查要求。

绿色生态城区应根据城市用能、用水情况，制定针对性的管理文件，提出用能、用水的高标准要求，节约资源，降低碳排放。根据终端需求情况，对居住、办公、商业、工业等提出不同的用水、用能要求。实行新建、改建、扩建项目节能、节水、碳排放评估制度，对重点项目进行严格的审查，引导项目投资与建设，实现项目能耗、水耗、碳排放严格控制。

本条适用于实施运管评价。

评价时,若城区内无节能、节水、碳排放对应的政策文件,本条不得分。

实施运管评价查阅节能、节水、碳排放相关政策文件和经济运行报告,以及各类项目(新建、改建、扩建)节能评估报告、碳核查报告,审查重点项目能耗、水耗、碳排放水平与所在地区行业碳排放先进指标的对比情况,并现场核查。

Ⅱ 产业结构

9.2.5 城区内产业功能专业化程度高,主导产业具有特色,有较强竞争力,符合循环经济发展理念,且其就业和产值在本市占有相对优势地位,评价总分值为 10 分。区位熵达到 1.2,得 5 分;达到 1.8,得 10 分。

【条文说明扩展】

区位熵用来判断一个产业是否构成地区专业化部门,其衡量某一区域要素的空间分布情况,反映某一产业部门的专业化程度,以及某一区域在高层次区域的地位和作用等方面,是一个很有意义的指标。它是产业结构、产业效率与效益分析、产业集聚的定量工具,可以分析区域优势产业的状况,是一种较为普遍的集聚识别方法。计算公式为

$$区位熵 = \frac{该地区特定部门的产值在地区总产值中所占比重(\%)}{该部门产值在该地区所属城市总产值中的比重(\%)}$$

区位熵大于 1,可以认为该产业是地区的专业化部门;区位熵越大,专业化水平越高;如果区位熵小于或等于 1,则认为该产业是自给性部门。一个地区某专业化水平的具体计算,是以该部门可以用于输出部分的产值与该部门总产值之比来衡量。主导产业可以是适合上海本地的各项特色创意主题活动和产业,如发展成为较为固定的旅游或发展的产业项目或有较强竞争力的企业集群存在。

主导产业是在较长时间内支撑、带动区域经济发展的产业,因而必须是有发展前途的、代表区域发展方向的产业。为此,应该考虑如下因素:

(1) 根据本区域所处经济发展阶段选择主导产业。处于工业化前期阶段的地区,主导产业一般具有劳动、资金密集型特性,可以在轻工业领域和基础性重工业领域选择;处于工业化中期阶段的地区,主导产业一般具有资金、技术密集型特性,可以在重工业中的深加工领域选择;处于工业化后期的地区,主导产业具有技术密集型及服务型的特性,可以在技术密集型产业、高技术产业及新兴服务业中选择。

(2) 根据产业发展的阶段来选择主导产业。根据产业生命循环理论,任何产业在某一地区的发展中都规律性地经过科研创新期、发展期、成熟期和衰退期,主导产业要在科研创新期和发展期的产业中选择,其中处于科研创新期的产业可以作为潜在主导产业来加以培育。

(3) 根据产业产品的收入弹性来衡量。主导产业应该是具有较高收入弹性的产

业,从而随着区域经济的发展,该主导产业能够拥有不断扩大的市场。

【具体评价方式】

本条适用于规划设计、实施运管评价。

规划设计评价查阅产业发展专项规划,审查主导产业类型、对应产值指标等。

实施运管评价查阅城区年度经济运行报告,审查区位熵、主导产业统计数据(产业类型、企业名称、产值等)等,并现场核查。

9.2.6 城区推进产业结构调整和产业布局优化,布局《上海工业及生产性服务业指导目录和布局指南》中"培育类"和"鼓励类"产业,评价总分值为 8 分。达到两种,得 5 分;达到三种及以上,得 8 分。

【条文说明扩展】

根据上海城市总体规划、土地利用规划、产业发展规划要求以及土地分类管控的区域规划原则,城区应结合产业定位和结构变化,按照"三环一带"市域空间,分类布局"四新"(新技术、新产业、新业态、新模式)经济和重点产业,统筹优化全市产业空间,提高土地节约集约利用水平。

为推进上海市产业创新驱动发展、经济转型升级,科学引导本市产业结构调整转型和产业合理优化布局,探索产业发展正面引导和负面清单相结合的管理方式,加快本市落后产能淘汰和中低端劳动密集型产业调整,培育和引进新产业、新业态、新技术、新模式,构建战略性新兴产业引领、先进制造业支撑、生产性服务业协同发展的现代产业体系,上海市经济信息化委特编制《上海工业及生产性服务业指导目录和布局指南(2014 年版)》。该指南中"培育类"根据国内外和本市产业发展的最新趋势,列出当前重点培育和引进的"四新"经济的主要方向,旨在促进"四新"经济成为本市新一轮产业发展的重要力量,具体行业种类参考指南中第一部分"培育类";"鼓励类"突出战略性新兴产业、先进制造业、生产性服务业等的重点发展行业,具体行业种类参考指南中第一部分"鼓励类"。

表 9.2.6 "培育类"和"鼓励类"产业

"培育类"产业	网络视听、智能交通、互联网金融、互联网教育、大数据、3D 打印、智能机器人、大宗商品电子交易服务平台、智能绿色家居、M2M(机器对机器)、智能穿戴设备、智慧医疗、检验检测认证服务、供应链管理与服务、卫星导航、创意和时尚设计
"鼓励类"产业	新一代电子信息、高端装备制造、节能与新能源汽车、民用航空、生物与医药、新材料、节能环保、精细化工和石油化工、高端船舶与海洋工程、现代都市工业、软件和信息服务业、生产性服务业

【具体评价方式】

本条适用于规划设计、实施运管评价。

评价时,对于无"培育类"和"鼓励类"产业的城区,本条不得分。

规划设计评价查阅产业发展专项规划,审查产业类型、规划布局等。

实施运管评价查阅城区内产业目录、相应企业的营业执照,审查相关产业是否为"培育类"和"鼓励类"产业,并现场核查。

9.2.7 合理布局环保产业,评价分值为 6 分。

【条文说明扩展】

环保产业是指国民经济结构中,以防治环境污染、改善生态环境、保护自然资源为目的而进行的技术产品开发、商业流通、资源利用、信息服务、工程承包等活动的总称。环保产业分类见表 9.2.7。

表 9.2.7 环保产业分类

环保设备(产品)生产与经营	资源综合利用	环境服务
水污染治理设备、大气污染治理设备、固体废弃物处理处置设备、噪音控制设备、放射性与电磁波污染防护设备、环保监测分析仪器、环保药剂等	废渣综合利用、废液(水)综合利用、废气综合利用、废旧物资回收利用	环境保护技术研发提供、环境保护管理、环境保护工程设计、环境保护工程施工

为贯彻落实《国务院关于印发节能减排综合性工作方案的通知》精神,满足当前节能减排工作需要,提高我国环保技术装备水平,培育新的经济增长点,促进资源节约型、环境友好型社会建设,发布实施了《当前国家鼓励发展的环保产业设备(产品)目录》。为了鼓励企业采用环保设备,对企业购置并实际使用节能节水和环境保护专用设备享受企业所得税抵免优惠政策的适用目录为《关于印发节能节水和环境保护专用设备企业所得税优惠目录的通知》。

绿色生态城区应根据《当前国家鼓励发展的环保产业设备(产品)目录》《关于印发节能节水和环境保护专用设备企业所得税优惠目录的通知》《"十三五"节能环保产业发展规划》《关于加快发展节能环保产业的意见》等最新文件合理规划各类用地,出台各类扶持政策。

(1)应预留环保设备研发、生产用地,加大研发投入力度,加强核心技术攻关,推动跨学科技术创新,促进科技成果加快转化,开展绿色装备认证评价,淘汰落后供给能力,着力提高节能环保产业供给水平,全面提升装备产品的绿色竞争力,后期加强引进该类产业。

(2)深入推进节能环保服务模式创新,培育新业态,拓展新领域,凝聚新动能,提高服务专业化水平,充分在节能节水、污染治理、检测和咨询以及资源循环利用服务上激发节能环保市场的活力。

(3)以节能环保企业为重点,产业园区为依托,以第三方机构为有益补充,推动市场主体形成良性互动、协同发展的共生关系,培育节能环保产业的生力军。

（4）以实施节能环保和资源循环利用重大工程、推广绿色产品、培育绿色消费习惯等方式，有力刺激市场对节能环保产品和服务的需求，全面扩展产业发展空间。

（5）发挥市场的决定性作用，加强规范引导，拓展市场空间，建立统一开放、竞争充分、规范有序的市场体系，营造有利于产业提质增效的市场生境。

（6）给予优惠补贴，加强财税价格金融等政策的引导支持，依托国家重大对外战略拓展国际合作，培育高素质人才队伍，推动产业发展。

（7）发改、环保、工信、科技、财政、住建、水利等部门应加强规划落实的统筹协调，依据职能完善细化各项政策措施，适时开展规划执行情况评估。

【具体评价方式】

本条适用于规划设计、实施运管评价。查阅工商局中对应企业的营业执照、生产许可证，若城区中无环保设备（产品）生产与经营、资源综合利用和环境服务有关的企业，即无环保产业布局，则此条不得分。

规划设计评价查阅产业发展专项规划中环保产业规划布局、实施方案。

实施运管评价查阅环保设备研发或生产企业营业执照、生产许可证，并现场核查。当环保产业相关企业达到 2 家及以上时，该条文可得分。此外，对于环保设备（产品）生产与经营的企业，应对照《当前国家鼓励发展的环保产业设备（产品）目录》核查企业中国环境标志认证书。

9.2.8 明确第三产业、高新技术产业或战略性新兴产业增加值占地区生产总值的比重，评价总分值为 15 分，并按下列规则评分：

1 第三产业增加值比重达到 60％，或高新技术产业增加值比重达到 20％，或战略性新兴产业增加值比重达到 8％，得 10 分。

2 第三产业增加值比重达到 65％，或高新技术产业增加值比重达到 25％，或战略性新兴产业增加值比重达到 15％，得 12 分。

3 第三产业增加值比重达到 70％，或高新技术产业增加值比重达到 30％，或战略性新兴产业增加值比重达到 20％，得 15 分。

【条文说明扩展】

《上海市服务业发展"十三五"规划》提出，要着力深化服务业供给侧结构性改革，坚持提升传统服务业和培育新兴服务业并举，坚持满足需求和引导消费并重，推动生产性服务业向专业化和高端化拓展，推动生活性服务业向精细化和高品质提升，努力构建结构优化、服务优质、布局合理、融合共享的现代服务业体系，提升"上海服务"品牌影响力。《上海市标准化体系建设发展规划（2016－2020 年）》提出要建立标准化与科技自主创新深度融合的促进机制，聚焦国家战略及产业发展前沿，加快本市战略性新兴产业的核心技术向标准成果转化，形成一批具有自主知识产权的技术标准。《上海市科技创新"十三五"规划》提出，要推进上海科技创新、实施创新驱动发展战略走在全国前头、走到世界前列,加快向具有全球影响力的科技创新中心进军。

　　根据《国民经济行业分类》GB/T 4754—2017,第三产业包括:批发和零售业,交通运输、仓储和邮政业,住宿和餐饮业,信息传输、软件和信息技术服务业,金融业,房地产业,租赁和商务服务业,科学研究和技术服务业,水利、环境和公共设施管理业,居民服务、修理和其他服务业,教育,文化、体育和娱乐业,卫生和社会工作,公共管理、社会保障和社会组织,国际组织。增加第三产业及战略新兴产业比重,有利于引导绿色生态城区产业发展,促进城区产业结构优化,顺应居民生活水平提高和消费升级的需求,满足人民群众多样化、个性化、高品质的生活需求。《上海市服务业发展"十三五"规划》对服务业增加值占地区生产总值比重指标的目标赋值为70%左右,其中生产性服务业增加值占服务业增加值比重达到2/3左右;生活性服务业总产出年均增速达9%左右;服务消费总额占社会消费总额的比重达到62%左右。服务业的支撑作用更加突出,继续发挥促进产业结构优化、经济稳定增长、消费需求升级的基础作用。第三产业增加值比重计算方式为

$$第三产业增加值比重(\%) = \frac{第三产业增加值(万元)}{城区生产总值(万元)} \times 100\%$$

　　根据《国家重点支持的高新技术领域》,我国认定的高新技术产业包括:①电子信息;②生物与新医药;③航空航天;④新材料;⑤高技术服务;⑥新能源与节能;⑦资源与环境;⑧先进制造与自动化。发展高新技术产业能够帮助创造新供给和新需求,构建竞争新优势,拓展经济发展新空间,提升我国在全球价值链中的位势和竞争力,牢牢掌握发展的话语权和主动权。《上海市科技创新"十三五"规划》的目标规划为:到2020年,全社会研发 R&D 经费支出占全市生产总值(GDP)的比例达到4.0%左右,基础研究经费支出占全社会 R&D 经费支出比例达到10%左右,每万人研发人员全时当量达到75人年,每万人口发明专利拥有量达到40件左右,全市通过《专利合作条约》(PCT)途径提交的国际专利年度申请量达到1300件,知识密集型服务业增加值占 GDP 比重达到37%,新设立企业数占比达到20%左右,向国内外输出技术合同成交金额占比达56%。同时,高新技术产业增加值比重达30%。计算方式为

$$高新技术产业增加值比重(\%) = \frac{高新技术产业增加值(万元)}{城区生产总值(万元)} \times 100\%$$

　　根据《战略性新兴产业分类》,战略性新兴产业包括新一代信息技术产业、高端装备制造产业、新材料产业、生物产业、新能源汽车产业、新能源产业、节能环保产业、数字创意产业、相关服务业等9大领域。发展战略性新兴产业是我国抢占新一轮经济和科技发展制高点的国家战略。新经济成为增长新动能,龙头企业和创新型企业持续涌现,基本形成法治化、国际化、便利化的营商环境和公平、统一、高效的市场环境,成为全国创新引领实体经济发展的新高地。《关于创新驱动发展巩固提升实体经济能级的若干意见》指出,实体经济是经济发展的根基。巩固提升实体经济能级,是上海贯彻落实党中央、国务院决策部署,发挥中国(上海)自由贸易试验区(以下简称"自

贸试验区")改革开放和建设具有全球影响力的科技创新中心创新引领作用的重要实践,对上海建设"四个中心"和卓越全球城市具有重要战略意义。上海将遵循高端化、智能化、绿色化、服务化的发展思路,排在首位的便是持续推进新型产业体系建设。适应上海城市功能定位的实体经济能级大幅提升,战略性新兴产业增加值占全市生产总值比重达到 20% 以上,制造业保持合理比重和规模,战略性新兴产业制造业产值占全市工业总产值比重达到 35% 左右。《"十三五"国家战略性新兴产业发展规划》提出"进一步发展壮大新一代信息技术、高端装备、新材料、生物、新能源汽车、新能源、节能环保、数字创意等战略性新兴产业,推动更广领域新技术、新产品、新业态、新模式蓬勃发展"。同时提出战略性新兴产业增加值占全国生产总值比重 2020 年达到 15% 左右,产业规模持续壮大,成为经济社会发展的新动力;创新能力和竞争力明显提高,形成全球产业发展新高地。攻克一批关键核心技术,发明专利拥有量年均增速达到 15% 以上;产业结构进一步优化,形成产业新体系,到 2030 年,战略性新兴产业发展成为推动我国经济持续健康发展的主导力量,我国成为世界战略性新兴产业重要的制造中心和创新中心。战略性新兴产业增加比重计算方式为

$$战略性新兴产业增加值比重(\%)=\frac{战略性新兴产业增加值(万元)}{城区生产总值(万元)}\times100\%$$

【具体评价方式】

本条适用于规划设计、实施运管评价。

评价时,若城区中存在高新技术产业或战略性新兴产业,优先以其比重进行评分,再考察第三产业的比重是否达标;若无此类企业,则以第三产业比重为准。各产业的增加值和城区生产总值可从区或市统计局获取。

规划设计评价查阅产业发展专项规划,审查产业规划布局及第三产业、高新技术产业或战略性新兴产业增加值相关的数据。

实施运管评价查阅城区年度经济运行报告,审查第三产业、高新技术产业或战略新兴产业增加值及地区生产总值等统计数据,并现场核查。

Ⅲ 绿色经济

9.2.9 单位地区生产总值能耗低于本市节能考核目标,评价总分值为 10分。单位地区生产总值能耗低于本市目标且相对基准年的年均进一步降低率达到 0.5%,得 5 分;达到 1%,得 10 分。

【条文说明扩展】

单位地区生产总值能耗指一定时期内,一个地区每生产一个单位的地区生产总值所消耗的能源,是反映能源消费水平和节能降耗状况的主要指标。该指标是衡量城区产业结构合理性及资源利用效率的可量化指标,可引导产业结构结构调整、促进节能技术应用、推进经济生态化转型。上海"十三五"规划期间已将能源消耗强度降低纳入国民经济和社会发展的约束性指标。能源消耗、碳排放总量和强度的有效控

制,可以为本市尽早达到碳排放峰值奠定基础。绿色生态城区降耗要求高于上海市标准,年降耗指标在达到相关目标的要求的基础上进一步降低,满足上述条件的可以得分。

根据国家《"十三五"节能减排综合工作方案》,上海市"十三五"能耗强度降低目标为 17%,"十三五"能耗增量控制目标为 970 万吨标准煤。根据《上海市 2017 年节能减排和应对气候变化重点工作安排》《上海市 2018 年节能减排和应对气候变化重点工作安排》,单位生产总值(GDP)综合能耗分别比上年下降 3.9% 和 3.6%。

单位地区生产总值能耗的具体计算方式为

$$单位地区生产总值能耗(tce/万元) = \frac{能源消费总量(tce)}{城区实际生产总值(万元)}$$

单位地区生产总值能耗年均下降率 $= (1 - \sqrt[n]{1 - 累计下降率}) \times 100\%$,其中 n 为年数。

年均进一步降低率以评价期前三年的实际单位地区生产总值能耗为基准计算,具体计算方法为

$$E_{e0} \times (1 - a_e\% - a_{ej}\%)^n = E_{en}$$

其中:X_{e0} 为基准年本市单位地区生产总值能耗,X_{en} 为规划年或考核年被评价城区的单位地区生产总值能耗,$a_e\%$ 为本市节能考核指标年均下降率;$a_{ej}\%$ 为被评价城区能耗年均进一步降低率;n 为基准年和考核年之间相差的年数。

【具体评价方式】

本条适用于规划设计、实施运管评价。

评价时,单位地区生产总值能耗降低率计算所需的能源消耗总量、城区生产总值可在对应区或市统计年鉴中查询。实施运管评价时,评价期前三年中任一年未完成节能考核目标,本条均不得分。

规划设计评价查阅产业发展专项规划,审查单位地区生产总值能耗目标值及实施措施。

实施运管评价查阅城区经济运行报告,审查单位地区生产总值能耗统计情况及能耗降低率指标完成情况。

9.2.10 单位地区生产总值水耗低于本市节水考核目标,评价总分值为 10 分。单位地区生产总值水耗低于本市目标且相对基准年的年均进一步降低率达到 0.5%,得 5 分;达到 1%,得 10 分。

【条文说明扩展】

单位地区生产总值水,指每生产一个单位的地区生产总值的用水量,是衡量一个城区用水效率、节水潜力、水资源承载能力和经济社会可持续发展的重要指标。城区应实行严格的水资源管理制度,加强用水总量控制和定额管理,严格实行水资源保护,绿色生态城区水耗要求高于上海市标准,年降耗指标在达到相关目标要求的基础

上进一步降低。

根据《上海市"十三五"水资源消耗总量和强度双控行动实施方案》，到 2020 年，水资源消耗总量和强度双控管理制度基本完善，万元国内生产总值用水量、万元工业增加值用水量比 2015 年分别下降 23% 和 20%，即单位生产总值（GDP）水耗年均下降率为 5.09%。因此，绿色生态城区单位地区生产总值水耗应低于上海市当年度的计划目标值。

单位地区生产总值水耗的具体计算方式为

$$单位地区生产总值水耗（m^3/万元）= \frac{城区总用水量（m^3）}{城区实际生产总值（万元）}$$

单位地区生产总值水耗年均下降率 $=(1-\sqrt[n]{1-累计下降率})\times100\%$，其中 n 为年数。

年均进一步降低率以评价期前三年的实际单位地区生产总值水耗为基准计算。具体计算方法为

$$X_{w0}\times(1-a_w\%-a_{wj}\%)^n=X_{un}$$

其中：X_{w0} 为基准年本市单位地区生产总值水耗，X_{un} 为规划年或考核年被评价城区的单位地区生产总值水耗，$a_w\%$ 为本市节水考核指标年均下降率；$a_{wj}\%$ 为被评价城区水耗年均进一步降低率；n 为年数。

【具体评价方式】

本条适用于规划设计、实施运管评价。

评价时，单位地区生产总值水耗降低率计算所需的水资源消耗总量、城区生产总值可在对应区或市统计年鉴中查询。实施运管评价时，评价期前三年中任一年未完成节水考核目标，本条均不得分。

规划设计评价查阅产业发展专项规划，审查单位地区生产总值水耗目标值及实施措施。

实施运管评价查阅城区经济运行报告，审查单位地区生产总值水耗统计情况及水耗降低率指标完成情况。

9.2.11 构建绿色循环经济产业链，评价总分值为 12 分，并按下列规则分别评分并累计：

1 形成完整的绿色循环经济发展规划，具有本地特色，得 5 分。

2 城区产业间形成相互关联，或产业副产品实现相互利用，得 3 分。

3 形成完整或较为完整的绿色产业循环经济体系，得 4 分。

【条文说明扩展】

绿色循环经济是一种以资源的高效利用和循环利用为目标，以"减量化、再利用、资源化"为原则的经济发展运行模式。绿色循环经济产业链是一种以物质闭路循环

和能量梯次利用为基本特征,以"资源—产品—再生资源"为运作流程,符合生态文明建设理念的经济增长模式。党的十九大报告提出,推进资源全面节约和循环利用,实施国家节水行动,降低能耗、物耗,实现生产系统和生活系统循环链接,力求低消耗、低排放、高效率发展。

本条第 1 款要求形成绿色循环经济发展规划,绿色循环经济发展规划应确定不同生态功能区的社会经济发展方向、结构布局和调整、资源开发与保护任务。例如,城区若具有再生资源的处理加工能力,则应该重点建设并完善再生资源回收网络及平台;城区若具有垃圾废物处理能力,则可以发展生活垃圾焚烧发电或者工业废弃物综合利用项目。

本条的第 2 款,力求以副产品的平衡为核心,加快构建产业链清晰、资源综合利用、绿色低碳特征明显的循环经济产业格局。例如,在火电方面,除发电炼铝之外,还实现热电联产、联供、联销,大大缓解城区的环境问题,提高社会效益。在新能源方面,合理开发和有效利用风能、太阳能等清洁能源,提高清洁能源在高载能耗中的比重,降低一次能源的消耗。可以同时考察工业废弃物综合利用率、废水的二次利用率等指标,指标达到规定要求及以上时得分,如果城区无工业则表中涉及项目不参评。要求见表 9.2.11-1。

表 9.2.11-1　工业考核相关指标

指标	计算公式	标准值
工业固体废物综合利用率(%)	工业固体废物综合利用量÷(工业固体废物产生量+综合利用往年贮存量)×100%	97%
工业用水重复利用率(%)	重复利用水量÷(生产中取用的新水量+重复利用水量)×100%	88%
城区生活污水集中处理率(%)	城区生活污水处理量÷城区生活污水排放总量×100%	95%
城区生活垃圾分类收集覆盖率(%)	城区生活垃圾分类覆盖户数÷城区总户数×100%	90%
再生资源主要品种回收率(%)	再生资源回收总量÷废弃再生资源总量×100%	75%

发展循环经济涉及面广、综合性强,完整或较完整的绿色产业循环经济体系提供了多重价值创造机制,与消费有限资源分离开来,具有较高的先进性、系统性和关联性,将对城区生态文明建设和可持续发展发挥积极的促进作用。

本条第 3 款要求形成完整或较为完整的产业链,且绿色产业循环经济体系相关的指标均符合《循环经济发展评价指标体系(2017 年版)》的要求,见表 9.1.11-2。数据来源可为统计局、国土资源部门、水利部门、发展改革部门、资源综合利用主管部门、农业部门、环境保护部门、工业部门、商务部门、住房城乡建设部门。

表 9.2.11-2　循环经济发展指标体系

主要资源产出率(元/吨)	国内生产总值(亿元,不变价)÷主要资源实物消费量(亿吨)
主要废弃物循环利用率(%)	农作物秸秆综合利用率(%)×1/5＋一般工业固体废物综合利用率(%)×1/5＋主要再生资源回收率(%)×1/5＋城市建筑垃圾资源化处理率(%)×1/5＋城市餐厨废弃物资源化处理率(%)×1/5
能源产出率(万元/吨标煤)	国内生产总值(亿元,不变价)÷能源消费量(万吨标煤)
水资源产出率(元/吨)	国内生产总值(亿元,不变价)÷总用水量(亿吨)
建设用地产出率(万元/公顷)	国内生产总值(亿元,不变价)÷建设用地面积(万公顷)
一般工业固体废物综合利用率(%)	一般工业固体废物综合利用量÷(当年工业固体废物产生量＋综合利用往年贮存量)×100%
规模以上工业企业重复用水率(%)	规模以上工业企业重复用水量÷(规模以上工业企业重复用水量＋用新水量)×100%
主要再生资源回收率(%)	各类再生资源回收量÷各类再生资源产生量(权重均为 1/7)×100%
城市餐厨废弃物资源化处理率(%)	餐厨废弃物资源化处理总量÷餐厨废弃物产生量×100%
城市建筑垃圾资源化处理率(%)	建筑垃圾回收利用量÷建筑垃圾产生总量×100%
城市再生水利用率(%)	城市再生水利用量÷城市污水处理量×100%
资源循环利用产业总产值(亿元)	开展资源循环利用活动所产生的总产值,包括资源综合利用、再生资源回收利用、再制造、城市低值废弃物(餐厨废弃物、建筑垃圾等)回收利用和海水淡化

当城区的各个指标值都达到或超过市的考核目标便可得分。产业经济的循环化是生态经济的基本特征之一。目前循环经济产业链条已在一些行业中构建成功,城区可以根据上海市产业基础,积极调整产业结构,构建清洁环保的循环经济体系并形成循环经济产业链,鼓励城区形成静脉产业,消化城区内部产业垃圾,最终形成一个个循环产业的园区。

【具体评价方式】

本条第 1 款适用于规划设计、实施运管评价,第 2 款和第 3 款适用于实施运管评价。

评价时,产业发展专项规划中有完整的绿色循环经济发展规划内容,且体现城区的产业特色与当地的产业优势,第 1 款可得分。若城区无对应指标的产业或者行业,第 2 款和第 3 款不参评。

规划设计评价查阅城区产业发展专项规划,审查绿色循环经济发展规划、相关指标目标及实施方案等。

实施运管评价还需查阅城区年度经济运行报告,审查绿色循环经济相关指标的统计数据,并现场核查。

10 提高与创新

10.1 一般规定

10.1.1 绿色生态城区评价时,应按本章规定对加分项进行评价,加分项包含性能提高和创新两部分。

【条文说明扩展】

为了鼓励绿色生态城区在经济可持续、资源节约、环境友好、社会人文等技术、管理上的提高,同时为了合理设置一些引导性、创新性或综合性等的额外评价条文,《标准》设置了加分项。加分项包括规定性方向和可选方向两类,前者侧重于"提高",后者侧重于"创新"。

10.1.2 加分项的附加得分为各加分项得分之和。当附加得分大于 10 分时,应取 10 分。

【条文说明扩展】

加分项的评定结果为某得分值或不得分。加分项最高可得 10 分,实际得分累加在总得分中。某些加分项是对前面章节中评分项的提高,符合条件时,加分项和相应评分项都可得分。

10.2 加分项

Ⅰ 性能提高

10.2.1 鼓励城区特色发展,评价总分值为 5 分。选址与土地利用、绿色交通与建筑、生态建设与环境保护、低碳能源与资源、智慧管理与人文、产业与绿色经济 6 类指标中一类指标的评分项得分 Q_i 达到 90 分,得 3 分;一类指标的 Q_i 达到 95 分或两类指标的 Q_i 均达到 90 分,得 5 分。

【条文说明扩展】

本条鼓励城区基于自身的生态本底条件因地制宜特色发展,如城区原有很多工厂,拆迁后场地内的土壤、地表水环境质量均较差,则项目可在生态建设与环境保护方面积极开展绿色生态实践,对污染土壤采用物理修复、化学修复、生物修复中的一种或多种进行治理,采用污染源控制、水系沟通与拓宽、底泥清理或河道疏浚、生态修复、旁路深度处理及滨河景观带构建等措施提升地表水环境质量,积极打造多层次的公园景观体系,大力提升城区的生态环境质量。鼓励城区在选址与土地利用、绿色交通与建筑、生态建设与环境保护、低碳能源与资源、智慧管理与人文、产业与绿色经济6类指标中选取一类或者几类指标做出特色,但不鼓励为了得分而采用与所在地资源、环境、经济和文化条件不匹配的规划策略或技术措施。

评价时,如专家论证认为城区采用的特色绿色生态规划策略不符合当地资源、环境、经济、文化条件,则本条不得分。

【具体评价方式】

本条适用于规划设计、实施运管评价。

规划设计评价查阅绿色生态专业规划、绿色生态城区自评文件等。

实施运管评价在规划设计评价方法之外还应现场核查。

10.2.2 主要地表水体的水质比《上海市水环境功能区划》的目标水质类别提高一个等级或以上,得1分。

【条文说明扩展】

本条在第6.2.10条第1款的基础上,对地表水体的水质提出了更高要求。主要地表水体说明及监测评价技术要求同第6.1.2条。

【具体评价方式】

本条适用于实施运管评价。

本条得分的前提条件是第6.2.10条第1款得3分。当地表水体水质按第6.2.10条评价得3分,但达不到本条要求的得分条件时,本条不得分。

实施运管评价查阅主要地表水体的水质监测评价报告,并现场核查。

10.2.3 合理规模化利用可再生能源,评价总分值为2分,并按下列规则分别评分并累计:

    1 新开发城区可再生能源利用率达到10%,或更新城区可再生能源利用率达到2%,得1分。

    2 城区内可再生能源利用总量占某一项终端能源消耗总量的比例达到100%,得1分。

【条文说明扩展】

本条第1款在第7.2.2条基础上,提出了更高的可再生能源利用要求。除具体指标外,评价内容同第7.2.2条。

第2款对可再生能源利用的对象及应用规模提出了要求,城区内可再生能源利用总量占某一项终端能源消耗总量的比例 R_e 计算公式为

$$R_e = \frac{可再生能源利用总量(kWh)}{某一终端能源消耗总量(kWh)} \times 100\%$$

考虑到可再生能源提供生活热水或空调用冷（热）量在城区范围内无法实现100％的要求，故第2款计算时可聚焦可再生能源发电，即城区内所有可再生能源提供的电量，既包括可再生能源直接提供给某一项终端消耗的电量，也包括城区内可再生能源提供给其他终端消耗的电量。某一项终端能源消耗是指城区内市政道路照明、充电桩、地下室照明、公园广场景观照明等能源消耗中的任意一种。

【具体评价方式】

规划设计评价查阅项目所在地的能源调查与评估资料（包括太阳能辐射资源量、风力资源量、地热能资源量，并分析计算城区内可利用的资源量，如可利用的屋顶面积、可利用的太阳能辐射资源量等）、控制性详细规划、能源综合利用规划（应包括各类可再生能源的利用形式及规模、可再生能源利用率、可再生能源利用总量占某一项终端能源消耗总量的比例相关指标，并绘制可再生能源利用规划布局图）。

实施运管评价查阅城区可再生能源利用实施评估报告、相关的管理文件，并抽样查验可再生能源利用情况。

10.2.4 合理利用非传统水源，新开发城区非传统水源利用率达到10％，或更新城区非传统水源利用率达到8％，评价分值为1分。

【条文扩展说明】

本条在第7.2.8条基础上，对非传统水源利用提出了更高要求，除具体指标外，评价内容同第7.2.8条。

【具体评价方式】

本条适用于规划设计、实施运管评价。对于更新城区，本条只评价更新城区的改造区域。

规划设计评价查阅水资源综合利用规划、所在区主管部门的许可，审查非传统水源利用方案，雨水、河道水的应用范围及非传统水源利用率计算过程。

实施运管评价查阅水资源利用实施情况评估报告、自来水和非传统水源计量台账、非传统水源利用计算书等相关文件，并现场核查。

Ⅱ 创 新

10.2.5 保护城区内未被列入保护名单，但具有历史价值的街区、建筑和文化记忆，评价总分值为2分，按下列规则分别评分并累计：

1 保护和利用未被列入上海市历史文化风貌区和优秀历史建筑名录但具有历史价值的街区和建筑，得1分。

2 保护、传承与传播城区有价值的非物质文化遗产，得1分。

【条文说明扩展】

被列入上海市历史文化风貌区和优秀历史建筑名录的街区、建筑须按照《上海市历史文化风貌区和优秀历史建筑保护条例》的规定进行保护与管理;而其他有一定历史价值的,但是又未被列入名录的街区和建筑,也应考虑活化和改造再利用,而不是完全拆除重建,这对保存城区的集体记忆,增加城区的地方特色有重要作用。同时,也能减少施工废物产生,保护环境。

根据联合国教科文组织《保护非物质文化遗产公约》定义,非物质文化遗产是指被各社区、群体,有时是个人,视为其文化遗产组成部分的各种社会实践、观念表述、表现形式、知识、技能以及相关的工具、实物、手工艺品和文化场所。这种非物质文化遗产世代相传,在各社区和群体适应周围环境以及与自然和历史的互动中,被不断地再创造,为这些社区和群体提供认同感和持续感,从而增强对文化多样性和人类创造力的尊重。在该公约中,只考虑符合现有的国际人权文件,各社区、群体和个人之间相互尊重的需要和顺应可持续发展的非物质文化遗产。"保护"指确保非物质文化遗产生命力的各种措施,包括这种遗产各个方面的确认、立档、研究、保存、保护、宣传、弘扬、传承(特别是通过正规和非正规教育)和振兴。

《中华人民共和国非物质文化遗产法》(中华人民共和国主席令第42号)规定:

第二条 本法所指非物质文化遗产,是指各族人民世代相传并视为其文化遗产组成部分的各种传统文化表现形式,以及与传统文化表现形式相关的实物和场所。包括:

(一)传统口头文学以及作为其载体的语言;

(二)传统美术、书法、音乐、舞蹈、戏剧、曲艺和杂技;

(三)传统技艺、医药和历法;

(四)传统礼仪、节庆等民俗;

(五)传统体育和游艺;

(六)其他非物质文化遗产。

属于非物质文化遗产组成部分的实物和场所,凡属文物的,适用《中华人民共和国文物保护法》的有关规定。

第三条 国家对非物质文化遗产采取认定、记录、建档等措施予以保存,对体现中华民族优秀传统文化,具有历史、文学、艺术、科学价值的非物质文化遗产采取传承、传播等措施予以保护。

第三十七条 国家鼓励和支持发挥非物质文化遗产资源的特殊优势,在有效保护的基础上,合理利用非物质文化遗产代表性项目开发具有地方、民族特色和市场潜力的文化产品和文化服务。

开发利用非物质文化遗产代表性项目的,应当支持代表性传承人开展传承活动,保护属于该项目组成部分的实物和场所。

县级以上地方人民政府应当对合理利用非物质文化遗产代表性项目的单位予以扶持。单位合理利用非物质文化遗产代表性项目的,依法享受国家规定的税收优惠。

城区应该对其所在区的非物质文化遗产进行调查,对于发源于规划区内的非物质文化遗产要进行重点保护、传承和传播，对于发源于规划区外但属于区级的非物质文化遗产，要配合所在区开展传播和推广工作。

【具体评价方式】

本条适用于规划设计、实施运管评价。

评价时，保护和利用至少一个或一栋具有历史价值的街区和建筑，第 1 款才可得分；保护、传承或传播至少一项非物质文化遗产，第 2 款才可得分。

规划设计评价查阅具有历史价值的街区、建筑的活化和改造再利用的可行性分析报告、所在区非物质文化遗产调研报告或清单、保护利用相关规划设计文本和图纸等。

实施运管评价查阅街区或建筑的保护利用总结报告、非物质文化遗产保护传承总结报告，审查保护措施的落实情况，并现场核查。

10.2.6 合理建设地下综合管廊，评价分值为 1 分。

【条文说明扩展】

根据《国务院办公厅关于推进城市地下综合管廊建设的指导意见》（国办发〔2015〕61 号），地下综合管廊工程结构设计应考虑各类管线接入、引出支线的需求，满足抗震、人防和综合防灾等需要。地下综合管廊断面应满足所在区域所有管线入廊的需要，符合入廊管线敷设、增容、运行和维护检修的空间要求，并配建行车和行人检修通道，合理设置出入口，便于维修和更换管道。地下综合管廊应配套建设消防、供电、照明、通风、给排水、视频、标识、安全与报警、智能管理等附属设施，提高智能化监控管理水平，确保管廊安全运行。要满足各类管线独立运行维护和安全管理需要，避免产生相互干扰。

根据《关于推进本市地下综合管廊建设的若干意见》（沪府办〔2015〕122 号），地下综合管廊是指在城市地下用于集中敷设电力、通信、广播电视、给水、排水、热力、燃气等市政管线的公共隧道，包括干线综合管廊、支线综合管廊及缆线综合管廊，是集约化敷设地下管线的一种方式。推进地下综合管廊建设，是地下空间资源合理利用和有序开发的内在需求，有利于减少路面反复开挖、美化城市环境，增强城市综合防灾能力，提升本市地下管线综合管理水平。

根据国家标准《城市综合管廊工程技术规范》GB 50838－2015，干线综合管廊是指用于容纳城市主干工程管线，采用独立分舱方式建设的综合管廊。支线综合管廊是指用于容纳城市配给工程管线，采用单舱或双舱方式建设的综合管廊。缆线管廊是指采用浅埋沟方式建设，设有可开启盖板但其内部空间不能满足人员正常通行要求，用于容纳电力电缆和通信线缆的管廊。

干线综合管廊一般设置于机动车车道或道路中央下方，主要连接原站（如自来水厂、发电厂、热力厂等）与支线综合管廊。其一般不直接服务于沿线地区。干线综合管廊内主要容纳的管线为高压电力电缆、信息主干电缆或光缆、给水主干管道、热力主干管道等,有时结合地形也将排水管道容纳在内。

支线综合管廊主要用于将各种管线从干线综合管廊分配、输送至各直接用户。其一般设置在道路两旁,容纳直接服务于沿线地区的各种管线。

缆线综合管廊一般设置在人行道下面,其埋深较浅。

给水、雨水、污水、再生水、天然气、热力、电力、通信等城市工程管线可纳入综合管廊。入廊管线对横断面影响各有不同,其中电力和燃气管线影响最大,且管线施工和安全性要求高;雨水、污水管线影响其次,雨水和污水管线入廊对建设区域坡度要求较高;给水、中水、通信管线影响较弱,入廊适应性较高。

【具体评价方式】

本条适用于规划设计、实施运管评价。

评价时,入廊的管线不少于 3 类且综合管廊长度不小于 3km 时,本条方可得分。

规划设计评价查阅地下综合管廊规划,审查入廊的管线种类、管廊长度等内容。

实施运管评价查阅地下综合管廊竣工图纸、实施情况总结报告,审查综合管廊的建设、管理模式及运行情况,并现场核查。

10.2.7 合理推行智能微电网工程建设,评价分值为 1 分。

【条文说明扩展】

根据现行国家标准《智能微电网保护设备技术导则》GB/Z 34161,微电网是指由分布式发电、用电负荷、监控、保护和自动化装置等组成(必要时含储能),是一个能够基本实现内部电力电量平衡的小型供电网络。微电网分为并网型微电网和独立型微电网。并网型微电网指接入大电网的微电网,既可以与电网并网运行,也可以离网独立运行。独立型微电网指不与大电网连接的微电网,可独立保证微电网内发电、供电的平衡稳定,一般运用于常规电网辐射不到的边远地区。

根据《IEC 61968 与智能电网:电力企业应用集成标准的应用》(中国电力出版社,2013),智能电网定义为以电力系统自动化技术为基础,通过融合先进的测量和传感技术、控制技术、计算机和网络技术、信息与通信等技术,利用智能化的开关设备、配电终端设备,在含各种高级应用功能的可视化软件支持下,实现配电网正常运行状态下的监测、保护、控制和非正常状态下的自愈控制,最终为电力用户提供安全、可靠、优质、经济、环保的电力供应和其他附加服务。

智能微电网就是微电网的智能化,主要体现在对电网的实时调度、双向信息流分层的控制规划以及新能源发电方面。实时调度与管理:针对电网系统运行进行实时监控与管理,开展节能、增效研究、故障检测、故障诊断与故障排除。双向信息系统:采用双向信息流分层分区规划电网,实现发电与用电的实时互动,提高电网控制中心稳定的冗余度,提高系统运行的可靠性。由于分层分区管理规划的灵活性,可以更好地适应电网的发展和管理制度的变化。新能源发电:新能源发电的智能接入。

【具体评价方式】

本条适用于规划设计、实施运管评价。

规划设计评价查阅能源综合利用规划或智能微电网实施方案。智能微电网实施方案应包含电源与电网建设分析，电源、配电网和储能网系统建设方案，微电网实施机制等内容。

实施运管评价查阅能源综合利用实施情况评估报告或智能微电网运行报告，审查系统运行情况，并现场核查。

10.2.8 发展都市农业，采用 3 种以上都市农业类型，都市农业面积占整个城区建设用地面积的比例达到 1‰，评价分值为 1 分。

【条文说明扩展】

都市农业是现代农业的重要组成部分。随着工业化、城市化的发展，临近都市以及都市辐射区域内的传统农业受城市发展理念、发展形态和产业特征的影响，借助城市化发展成果，利用城市提供的生产要素和市场，依托城市的经济、社会和生态系统，在发展方式、内涵和目标等方面都发生了较大转变且形成了独有的特征，在服务城市发展、改善居民生活、维护社会稳定方面发挥着重要的基础性作用。

随着环境友好、资源节约的城市建设理念深入人心，作为城市系统重要组成部分的都市农业，其功能定位也将有别于传统农业而呈现出新的特点。一是提升经济功能。通过合理布局，保障居民粮食、蔬菜、肉、蛋、奶等基本农产品供给，同时为其他产业提供优质充分的原材料，为工业化发展提供保障。二是强化社会功能。随着城市扩大、人口增加，城市在稳定市场供应、优化社会管理方面的需求日增，都市农业在吸纳就业、农民增收、科学普及、人才培训和维护社会稳定等方面的功能将更加凸显。三是完善文化功能。除了承继农耕文化，都市农业还有利于培育市民的孝亲文化、节俭文化和勤劳文化观念，使先进文化在城市郊区推广，传统文化在市民心中扎根，促进传统文化与现代文明的结合与融合。四是突出生态功能。都市农业创造的生态系统，能够为城市提供优质空气，调节小气候，给市民提供旅游、休闲、教育和锻炼的场所，有利于改善市民的居住和休憩环境，提升市民的生活质量、培育市民的生态观念。

都市农业类型包括社区菜园、校园菜园、单位或机构菜园、公园菜园及位于非农用地的其他农业形式。

评价时，城区内的河流、湖泊等可以进行水产养殖的区域也可以算作都市农业区域，郊野公园中开辟的蔬菜种植园或在城市郊区建设的各类采摘园等均可纳入计算。

【具体评价方式】

本条适用于规划设计、实施运管评价。

评价时，都市农业用地面积不少于城区总用地面积的 1‰，本条方可得分。

规划设计评价查阅都市农业相关规划布局和设计的文本、图纸，以及都市农业用地面积比例计算书。

实施运管评价查阅相关总结报告,并现场核查。

10.2.9 建立绿色投融资机制,加强资本市场化运作,评价分值为 2 分。

【条文说明扩展】

绿色投融资机制是指在环境保护、清洁能源、绿色交通、绿色建筑等领域,以支持环境改善、应对气候变化和资源节约高效利用为目的而进行的生产资本与借贷资本的循环活动,涵盖资金筹措、项目建设与运行、资金回收、归还贷款以及资产保值增值等方面。

绿色投融资机制鼓励市场化运作,由政府举债为主的投资方式转变为以企业向社会融资为主的方式,改变单纯依靠财政拨款和银行贷款的融资手段,以最方便、最快捷、最有效、低成本地将大量社会闲散资金集中起来,扩大社会增量成本。

本条要求为与绿色生态发展相适应的含资本市场化运作的绿色投融资模式方可得分,如公私合作(PPP)模式、众筹创意项目(EMO)模式、合同能源管理、合同节水管理等。

【具体评价方式】

本条适用于规划设计、实施运管评价。

评价时,城区内至少一个项目采用绿色投融资模式,且通过当地政府认可,本条方可得分。

规划设计评价查阅绿色投融资相关的规划方案,审查计划采用绿色投融资的项目、绿色投融资模式及相关的实施方案。

实施运管评价查阅城区绿色投融资机制实施情况报告、典型项目绿色投融资机制总结,并现场核查。

10.2.10 设立绿色发展专项基金,用于城区绿色生态规划建设、科研及成果转化等相关工作,评价分值为 1 分。

【条文说明扩展】

2016 年 8 月 31 日,中国人民银行等七部委发布的《关于构建绿色金融体系的指导意见》,鼓励设立绿色发展基金,通过政府和社会资本合作模式动员社会资本。支持设立各类绿色发展基金,实行市场化运作。中央财政整合现有节能环保等专项资金,设立国家绿色发展基金,投资绿色产业,体现国家对绿色投资的引导和政策信号。鼓励有条件的地方政府和社会资本共同发起区域性绿色发展基金,支持地方绿色产业发展。支持社会资本和国际资本设立各类民间绿色投资基金,政府出资的绿色发展基金要在确保执行国家绿色发展战略及政策的前提下,按照市场化方式进行投资管理。

当前绿色生态发展过程中,建设管理、示范、推广成本较高是阻碍绿色生态城区发展的重要瓶颈,因此,城区安排财政配套资金或财政和社会资本共同配套资金是建设绿色生态城区的重要保障。绿色发展专项资金主要用于绿色生态城区的建设、城区内绿色产业科研经费的投入及成果转化。城区设立绿色发展专项资金，并制定相应的资金管理办法，规范资金的使用流程。

【具体评价方式】

本条适用于规划设计、实施运管评价。

规划设计评价查阅地方政策和城区财政专项资金安排计划。本条政策可为项目所属管委会或区政府相关部门制定。

实施运管评价查阅专项资金使用情况报告。

10.2.11 设置功能完善的绿道系统，且总长度达到 1km，评价分值为 1 分。

【条文说明扩展】

绿道是一种具有生态保护、健康休闲和资源利用等功能的绿色线性空间。根据《上海市绿道建设导则（试行）》，绿道主要由绿廊系统、慢行系统、标识系统和配套服务设施系统四部分构成；绿道仅供行人与自行车通行，且与机动车道分离，并能够很好地串联各类郊野公园、森林公园、湿地公园、绿地林地、林荫片区等绿色空间以及历史景点、传统村落、特色街区等人文节点。

（1）绿廊系统包括绿带林带、街旁绿地、行道树、水体景观等一定宽度的绿化生态区域，是绿色开放空间的主要构成和支撑，是绿道系统的生态基底。

（2）慢行系统包括自行车道、步行道、轮椅通道等，是绿道的通行区域。

（3）标识系统包括信息标识、指示标识、规章标识和安全标识，分别具有解说、引导、禁止、警示等功能。

（4）配套服务设施系统包括环境卫生、照明、通信、停车场等配套设施和租售、咨询、救护、保安等服务设施。

【条文说明扩展】

本条适用于规划设计、实施运管评价。

评价时，城区内绿道长度达到 1km，且符合《上海市绿道建设导则（试行）》相关建设要求，本条方可得分。

规划设计评价查阅绿色生态专业规划，审查绿道系统规划布局、绿道长度等。

实施运管评价在规划设计评价方法之外还应现场核查。

10.2.12 创建各类创新示范项目，评价分值为 1 分。

【条文说明扩展】

创建创新示范项目可获得相应资金支持、提高城区知名度、接受相应的监督指导等，可促进城区更好的建设。因此，本条鼓励城绿色生态城区积极创建国内外各类绿色生态相关的创新示范项目，如生态文明先行示范区、人居环境奖、步行和自行车交通系统示范项目、低零碳排放区示范工程、智慧健康养老示范社区、多能互补集成示范工程、新能源微电网、绿色供应链等。

【具体评价方式】

本条适用于规划设计、实施运管评价。

评价时,规模化、城区级别的创新示范项目才可得分,单体建筑的创新示范项目,本条不能得分。

规划设计评价查阅创新示范项目实施方案、相关的获奖证书、批件等证明文件。

实施运管评价查阅相关证书,并现场核查。

10.2.13　因地制宜采取节约资源、保护生态环境、保障安全健康的其他创新,并有明显效益,评价总分值为 2 分。采取 1 项,得 1 分;采取 2 项及以上,得 2 分。

【条文说明扩展】

本条主要是对前面未提及的其他技术和管理创新予以鼓励。对于不在前面绿色生态城区评价指标范围内,但在经济可持续、资源节约、环境友好、社会人文等方面实现良好性能的项目进行引导,通过各类创新提高绿色生态城区的性能和效益。

本条未具体列出创新内容,只要申请方能够提供分析论证报告和相关证明,并通过专家组的评审即可认为满足要求。

【具体评价方式】

本条适用于规划设计、实施运管评价。

分析论证报告应包含如下内容:

1. 创新内容及创新程度。

2. 应用规模、难易复杂程度和技术先进性(应有对国内外现状的综述和对比)。

3. 经济、社会、环境效益,发展前景与推广价值(如对推动行业技术进度、引导绿色生态城区发展的作用)。

规划设计评价查阅相关规划文件、分析论证报告及相关证明,审查其合理性。

实施运管评价查阅实施情况总结报告、分析论证报告及相关证明,审查其合理性及实施效果,并现场核查。